PSYCHOLOGY OF MOVIE

你也可以懂的心理学

朱广思 ◎ 著

心理师带你解读电影的心理密码

中国纺织出版社有限公司

内 容 提 要

尘封的记忆为何会突然跳出来？人也可以爆发出"洪荒之力"吗？完美的爱情是怎样的？小猫小狗也有感情吗？……看电影的时候，会不会有某个细节，突然引起了你对心理学的思考？或许，你可以在本书中找到这些问题的答案。

本书以电影为切入点，于电影的细微之处发现心理现象，带你打开心理学的大门，认识生活中常见行为现象背后的心理机制。幽默风趣的语言、深入浅出的理论，让你在回顾电影的同时，开启一场全新的心理学之旅。

图书在版编目（CIP）数据

你也可以懂的心理学：心理师带你解读电影的心理密码 / 朱广思著.--北京：中国纺织出版社有限公司，2024.9

ISBN 978-7-5229-1798-6

Ⅰ.①你… Ⅱ.①朱… Ⅲ.①心理学—通俗读物 Ⅳ.①B84-49

中国国家版本馆CIP数据核字（2024）第107834号

责任编辑：王 慧　　责任校对：王蕙莹　　责任印制：储志伟

中国纺织出版社有限公司出版发行
地址：北京市朝阳区百子湾东里A407号楼　邮政编码：100124
销售电话：010—67004422　传真：010—87155801
http://www.c-textilep.com
中国纺织出版社天猫旗舰店
官方微博 http://weibo.com/2119887771
天津千鹤文化传播有限公司印刷　各地新华书店经销
2024年9月第1版第1次印刷
开本：880×1230　1/32　印张：6.5
字数：100千字　定价：49.80元

凡购本书，如有缺页、倒页、脱页，由本社图书营销中心调换

前言

如果说当下有什么学科是人人都该了解一些的，那么非心理学莫属。如果说当下有什么艺术是人人都会了解一些的，那么非电影莫属。我们在电影里反抗生活，用心理学与生活和解、实现自我救赎。

很多人认为，心理学就是猜别人的想法或者处理心理异常问题的一门学问，但其实心理学家的研究范围非常广泛，甚至包含了你生活的方方面面，在很多电影中，都有你想不到的心理学知识点。

如果懂些心理学，那么你在欣赏电影时，除了有感官享受外，还能深度挖掘人物、故事、技术、文化背后的底层逻辑。

于是这本书诞生了。看了这本书，你会发现电影居然还能这么看！以及，心理学居然还能这么学！

电影是一种生动的艺术形式，由于需要鲜活地塑造人物，许多电影都涉及心理学知识，它们当中有些表达得很中肯，有些则有夸大成分，还有些容易让人对其提及的心理学知识产生误解。作为一个电影爱好者加职业心理师，我从多部经

♥ 你也可以懂的心理学
　心理师带你解读电影的心理密码

　　典电影入手，解析电影中常见的心理学知识，让读者可以在看电影的同时了解心理学，也可以在学习心理学的过程中，掌握一种额外的学习途径。

　　大多数心理学家，聊电影总是浮于表面谈人物心理，与电影中隐藏的巨大内核擦肩而过；而大多数的影评人，只讲外行观众不大感兴趣的镜头表现、叙事特点、影史知识……于是本书换了个角度，结合前沿心理学家的研究成果，用看电影这种有趣的学习方式，带你领略科学、严谨、实用的心理学新知。

　　从心理学角度解构电影，将帮你获得更丰富的生活经验。当你分析1部电影，就能看出电影里的心理学元素，获得欣赏电影的新视角；当你分析5部电影，就能开拓视野，解锁用心理学看自己、看世界的新思路；当你分析20部电影，你将获得跨界能力，能灵活把知识应用于生活，真正化为己用！

　　接下来，欢迎打开一个心理师的电影笔记，一起来看看银幕后的心理密码！

朱广思

2024年1月

目录

第一章 心理初探篇：心理知多少 / 001

记忆大师——记忆到底有多少种？ / 003

催眠大师——潜意识中的奇迹 / 007

奇门遁甲——心理能控制内脏吗？ / 014

神奇女侠——真言套索和测谎仪有什么关系？ / 025

脑残粉——不符合审美的偶像为何这么火？ / 031

第二章 多彩情绪篇：喜怒哀乐的奥秘 / 037

超能陆战队——拥抱带来好心情 / 039

头脑特工队——人为什么会有消极情绪？ / 046

红海行动——战争片为什么让人热血沸腾？ / 055

满城尽带黄金甲——嫉妒竟然是祖宗传下来的？ /065

蜘蛛侠——人为什么能爆发出"洪荒之力"？ / 072

第三章 情感爱情篇：恋爱脑也讲科学 / 077

怦然心动——什么样的爱情最美好？ / 079

真爱至上——秀恩爱背后的心理机制　/ 089
壮志凌云——为什么军人往往会成为"国民老公"？　/ 096
水形物语——水怪为什么那么迷人？　/ 101

第四章　生活心理篇：心理机能的"bug"　/ 107

了不起的盖茨比——为什么很多人爱炫富？　/ 109
尽善尽美——强迫症不等于完美主义　/ 115
十二宫——为什么很多人会相信星座？　/ 121
大闹天宫——自恋者有什么特点？　/ 133

第五章　心理障碍篇：是病人也是凡人　/ 141

雨人——自闭者都智商高？　/ 143
黑暗骑士——表演型人格障碍有多可怕？　/ 147
美丽心灵——什么是妄想型精神分裂？　/ 152
美国精神病人——精神病能临时得上吗？　/ 156

第六章　动物心理篇：动物的小心思　/ 163

九条命——为什么掐住猫的后脖颈就"冻住了"？　/ 165
猫狗大战——猫和狗到底谁更受人类欢迎？　/ 172

南极大冒险——打哈欠表明猫狗也有同情心？ /180
蚁人——怎样控制蚂蚁？ /185
白蛇缘起——用科学帮你算算蛇的心理阴影面积 /191

后记 无处不在的心理学 /197

第一章

心理初探篇：心理知多少

♥

　　基础心理学，是心理学的重要分支，它主要研究各种心理功能，包括记忆、感知觉、意识、情感等。本章通过介绍电影中的常见"心理实验"桥段，让你体会到心理学作为实证科学的一面。

没有所谓玩笑,所有的玩笑都有认真的成分。

——弗洛伊德

第一章
心理初探篇：心理知多少

记忆大师——记忆到底有多少种？

电影《记忆大师》曾经火得一塌糊涂，除了主演们的人气外，记忆这个题材也是非常吸引人的，试想如果没有记忆，人们怎么通过考试？怎么记住交通规则？怎么记住法律条文？虽然我们平时不经常想到记忆的功能，但记忆堪称心理各项功能中的劳模，时刻帮助我们顺利地进行各种活动，包括我们日常的说话、穿衣、上厕所、用筷子等所有后天学会的技能，全都要依靠记忆。

最常见的记忆分类

记忆是心理学界最早研究的内容之一，早期心理学家赫尔曼·艾宾浩斯（Hermann Ebbinghaus，1850—1909）就是主要研究记忆的，他提出的艾宾浩斯记忆曲线，至今还应用在各种学习辅导中。记忆的分类也是非常复杂的，由于记忆的维度很多,分类角度多种多样。最常见的分类方法是按照记忆保持时间来分,分为瞬时记忆、短时记忆和长时记忆。

瞬时记忆又叫感觉记忆,这种记忆的保存时间很短,一般在0.25—2秒(也有些心理学家认为是1秒以下)。这种记忆我们一般意识不到,只是在感觉通道内短暂保留,然后就存入我们平时注意不到的潜意识当中。潜意识就像一个大"垃圾桶",你的各种零零碎碎的记忆都会存在其中。人的大脑会从瞬时记忆中筛选出它认为有用的内容,对这些内容加以注意,使之进入短时记忆。

平时我们用得最多的是短时记忆,这类记忆一般在1分钟之内就会衰退或者消失,是一种典型的"活在当下"的记忆。短时记忆不仅来自外部刺激,还可能来自大脑内部的"总记忆库"。人们在从事某些工作的时候,要把需要用到的知识从大脑中提取到短时记忆当中。

根据心理学家米勒的研究,一般人的短时记忆容量是7 ± 2个组块,为此米勒还写了一本总被人误会为数学书的书籍《神奇的7 ± 2》。"组块"就是记忆单位,组块的大小因人的知识经验等的不同而有所不同。组块可以小到一个字母,也可以大到一个列表。所以你可以把要记住的内容分为不同的组块,这样你就能记住更多的东西。

当然也有些天生大脑结构就有优势的强人，可以把一页书甚至一幅复杂的地图当成一个组块，拥有过目不忘的能力。

短时记忆很容易消退，通常要通过复述才能进入长时记忆。长时记忆是深度加工后的记忆，记忆时长超过1分钟，甚至终身难忘。目前科学家们还没有发现长时记忆的容量极限，我们可以认为它是无限大的，所有被储存的信息都像数据编码一样存在大脑这个"超级硬盘"中。我们平时说一个人记性好，主要是说他能够及时"提取"长时记忆。

四种内容，组成记忆

除了按记忆保持时间分类外，还可以按照内容来划分，分为形象记忆、情绪记忆、逻辑记忆和运动记忆四种。

形象记忆包括你通过视觉、听觉、味觉、嗅觉、触觉等感知觉通道获取的记忆，这是最直观的一种记忆。

情绪记忆则带有强烈的感情色彩，不论是高兴还是悲伤、愤怒、厌恶、恐惧，都种很容易让人终身难忘。甚至你在忘了某件令你不快的事本身后，那强烈的感觉还是长期盘绕在你心里，对你的生活造成不良影响。这时候或许你就需要心理咨询师的帮助了，哪怕你是像范进中举那样长期控制不住地感到高兴。不过请注意，胡屠户那样的"耳光疗法"并不是科学的治疗手段！

逻辑记忆看上去比较烧脑，各种哲学、数学概念等都属于逻辑记忆，其内容高度概括，对记忆者的理解力是一大考验，这是最抽象的一种记忆。

还有一种就是运动记忆了，也就是俗称的"肌肉记忆"，这类记忆最容易被人忽视，但是又最不容易忘掉，很多时候甚至不需要思考，比如跑步、骑车、游泳等，一旦学会了很难忘掉。当然，实验步骤、武术套路等也属于运动记忆。

值得注意的是，就像《记忆大师》等许多电影中描述的那样，记忆也是可以被"伪造"的。由于大脑这个数据库的容量过大，精确度又没那么高，我们脑中输入的各种信号会相互干扰，导致我们在回忆某个信息时出现误差或"提取失败"，这就是"记错"和"遗忘"。现代心理学基本一致认为，只要大脑的"硬件"运作良好，其中的记忆就不会逐渐消失，只是会受到其他新信息的干扰而无法顺利提取。或许哪一天有了合适的线索，曾经封尘的记忆，就会突然从脑中蹦出来。

第一章
心理初探篇：心理知多少

催眠大师——潜意识中的奇迹

电影《催眠大师》的上映，引起了广大观众对催眠术的兴趣。提起催眠，很多人会认为这是一种促进睡眠的疗法。其实催眠和睡眠并无关系，而是通过多种技术，让人进入一种特殊的意识状态。催眠一词的英语"Hypnosis"来自希腊神话中睡神修普诺斯（Hypnos）的名字，但是当年翻译的时候，由于相关理论在中国还不够普及，所以只好用了这个深入人心的"错误翻译"。实际上，如果催眠师让被催眠者呼呼大睡，这是极其不成功的催眠案例。

催眠的基本理论框架

心理学家弗洛伊德（Sigmund Freud，1856—1939）认为，人的心理活动分为意识、潜意识和前意识三部分，其中意识是人在清醒时能意识到的部分，而潜意识是人平时意识不到的部分，前意识则是控制潜意识进入意识的关卡。催眠就是通过一些暗示诱导，让人进入潜意识的范畴，从而在根本上探究一些行为的原因，并进行修正。

打比方来说，和潜意识相比，人类的意识只是冰山露在水面上的一角，而潜意识是在海平面以下的部分，前意识则是靠近水面的部分。潜意识是人类心理活动中最本能的部分，也是对人类的行为影响最大的一部分。实际上，关于意识的划分方法，心理学界还存在争议，也有人认为意识的三部分分别对应自我、本我和超我，在此只采用最容易理解的一种。

如何进入催眠状态？

要想让一个人进入催眠状态，最好选择在安静、舒适、温馨的环境中进行，这样的环境有利于放松心情，使人能自然而然地感到轻松、舒适和安全。进行催眠前要排空大小便，不要吃得太多太饱；消除杂念，以平和的心态对待催眠；应当绝对禁止饮酒和服用刺激性的药物。满足这些先决条件，我们才能实行催眠，若是在吵吵嚷嚷的大街上，催眠是难以实现的。

催眠最常见的方法是，受过专业训练的催眠师先让被催眠者躺好，保持深而慢的呼吸，跟随指导进行全身放松，通常

第一章
心理初探篇：心理知多少

从脚尖一直到头部，催眠师利用语言指令，让人先放下心中的疑虑，以便完全配合自己的指令。

然后催眠师通过反复的言语暗示，使正常人进入一种暂时的、类似睡眠的状态，大部分人都可以通过言语暗示达到这一状态。催眠师也可以借助一些辅助道具，如钟摆、火苗、小球、指尖等（任何在背景中可以被显著注意的小物体都可以），让被催眠者产生视觉疲劳，产生似睡非睡的状态，从而更易进入催眠状态。

如何检测被催眠者是否进入状态呢？我们可以试试被催眠者是否接受催眠师的暗示，比如暗示其右臂越来越轻，轻得向上飘。30秒后，被催眠者的右臂真的上飘4英寸（约10厘米）或更高，则表示有一定的效果。著名的系列暗示语"巴布尔暗示"，就是让被催眠者产生类似行为的指导语。

还有些药物也可以帮助人们进入催眠状态，但是药物毕竟对人体有一定的损害，因此不建议使用。

在很多催眠相关的电影中，经常有人看了钟表几秒，就进入了催眠状态，这在现实中几乎是不可能的。但是如果真的按照现实拍电影，在电影里反反复复晃悠十几分钟的表，就会显得太枯燥了。

催眠的过程是需要反复暗示的，其实相当枯燥，有些类似某些不断重复同一句宣传语的广告。为了防止读者因为看到催眠的暗示语而进入自己的潜意识无法自拔，我们就不具体说明催眠的引导过程了，在相关的纪录片中也通常会剪掉这一部分。进入潜意识后，被催眠者的感知觉都将扭曲，会完全遵从催眠师的暗示或指示来判断事物，并做出自认为正确的反应。催眠状态下的暗示会影响到觉醒后的活动，从而达到改变心态和行为的目的。

催眠过程中，人的思维还是清晰的，很多人害怕被催眠后，会被医德低下的催眠师骗去做坏事，或者被套出银行卡密码，因而打心底对催眠有着排斥。其实大可不必这样担心——潜意识是人类最原始、最本能的部分，它的行为准则是快乐原则，也就是俗话说的"怎么爽怎么来"，所以当然不会做那些有违自己本意的事情，除非你心里早就想把银行卡密码告诉催眠师。另外，如果你有意抵抗催眠师的暗示，一般情况下是无法进入催眠状态的，所以请大家尽管安心地接受催眠吧，当然要寻找受过正规训练的专业人员。

有些抽样调查显示，人群中有15%—30%的人是无论如何也进入不了催眠状态的，而特别容易进入催眠状态的人只有5%左右，所有的催眠都要在本人的配合下才会成功。因此，大家不用担心自己在大街上被人随意催眠。

第一章
心理初探篇：心理知多少

催眠能带来哪些神奇的躯体效果？

有些同学或许看过一些催眠术的表演：人在催眠状态下，既可以变得像钢板一样硬（肚子上站一个胖子都没事），也能像棉花一样软，这是怎么回事呢？

近代心理美学之父费希纳（Gustav Theodora Fechner，1801—1887）早就发现，人类对于触觉的感受没那么准确，往往会误判。

费希纳

其实，催眠中的这些表现都是人体本身存在的潜能，只是平时疲惫的神经信号让人无法做出那样的效果。在潜意识中，人类的潜能被激发，疲惫信号被阻断，再加上催眠师的合理暗示（比如，放在你肚子上的东西很轻），人就能轻而易举地达到那种效果。

催眠不但会阻断神经信号传递，还能在暗示下形成虚拟的信号。比如催眠师递给被催眠者一支铅笔，告诉他这是一根香烟，被催眠者就会真的津津有味地吸起铅笔来。如果说铅笔是一根烧红的铁条，用笔尖接触他的皮肤，他的皮肤甚至会红肿起泡。甚至在没有相关道具的情况下，被催眠者也会出现错误的感知：如果暗示他手里有一样自己喜欢的乐器，让他演奏自己喜欢的乐曲，他就会凭空做出演奏的动作；如果暗示他现在处在寒风中，他的皮肤上还会起鸡皮疙瘩。

另外，催眠师经常会在催眠初期给被催眠者下一个束缚身体的暗示，使其觉得自己被牢牢束缚在床上无法动弹，这也是以心理暗示阻断运动信号的方法。为什么要这么做呢？刚才已经说过，催眠状态下，人是由潜意识控制的，遵循快乐原则，所以最本能的一面（食欲、性欲、侵犯等）会暴露出来，完全不遵从道德。弗洛伊德就曾经给一位女患者进行催眠，可是万万没想到，这女子的矜持不见了，被催眠后，突然从床上跳起来，抱着英俊的弗洛伊德一阵狂吻，导致我们的大师从此以后再也不敢随便使用催眠术了。后来的催眠师都很注

第一章
心理初探篇：心理知多少

意这一点，在催眠初期要么让被催眠者浑身瘫软无力，要么让其感觉有千斤之力压在身上，以免出现意外。

心理学在中国还是一个新兴的学科，催眠术这一心理学中最神秘的领域尤其不被广大群众了解。可是很多疗法并不是人们想象中的洪水猛兽，如果利用得当，会给我们的生活带来许多裨益。

弗洛伊德

奇门遁甲——心理能控制内脏吗？

电影《奇门遁甲》中介绍，在古老的东方，有一种被称为"内五行"的气功。练功者通过运气与模仿龙、虎、龟、鹤、蛇姿态的外部动作，调节体内的金、木、水、火、土五行，其集大成者，可以随意控制五脏六腑，调节心神，健身养生，达到神奇的效果，比混元形意太极拳的养生功效还牛。当然，现实不会像电影中这么夸张，但控制五脏六腑这听上去类似火影忍者的玄学观点，竟然被一群美国心理学家，结合物理学、控制学、生理学、解剖学及康复医学科学化了——其背后的原理就是生物反馈机制。

米勒其人

这群心理学家中，最重要的就是尼尔·埃尔加·米勒（Neal Elgar Miller, 1909—2002），他结合诸多前辈的理论，

第一章
心理初探篇：心理知多少

提出了生物反馈疗法。他1931年在华盛顿大学读本科（他父亲就是这里的心理学教授），跟随著名的学习理论家埃德温·格思里（Edwin Ray Guthrie，1886—1959）学习。格思里是新行为主义心理学的代表人物，1935年在《学习心理学》一书中，提出过接近性条件作用说，又称邻近学习理论。按照行为主义的传统，该理论认为学习是刺激与反应之间的紧密联系，因此被翻译为"邻近学习理论"（contiguity theory of learning），其实翻译成"连接性学习理论"更妥当。他还通过类似桑代克的猫逃出迷笼的实验，提出"复杂的学习也是由简单学习构成的"，而且"动作本身也是一种刺激"。也就是说，只要你做出动作，这些动作就会刺激到你自己的肌肉。最终，有机体会在遇到某种刺激时，产生"最适应的动作"，这就是"学会了"。格思里在1945年担任美国心理学会主席，1958年获美国心理学会基金会的金质奖章，虽然他一生只提出过一个学习心理学理论，但似乎影响了米勒。

米勒1932年在斯坦福大学读硕士，在此受到了斯坦福—比奈智力量表的编者刘易斯·麦迪逊·推孟（Lewis Madison Terman，1877—1956）的影响，从此和测量难解难分。1935年米勒在耶鲁大学读博，又追随了另一位新行为主义大师、1936年的美国心理学会主席克拉克·赫尔（Clark Hull，1884—

1952），此君被称为逻辑行为主义创始人。此外，他还非常关注另一阵营——精神分析学派的内驱力研究。赫尔提出过非常复杂的行为主义公式，把内驱力和"刺激—反应"结合，因而被称为心理学史上最具争议的人物之一。米勒也从赫尔这里继承了某些弗洛伊德精神分析的思想。博士毕业后他到欧洲访学，在维也纳接触了弗洛伊德的学生、自我心理学大家海因茨·哈特曼（Heinz Hartmann，1894—1970）的精神分析思想。随后米勒在第二次世界大战中为美国空军服务，见过不少战争恐惧症患者。

丰富的经历和扎实的理论基础，使米勒能够把学习和情绪的概念结合在一起，逐渐形成了自己的"心理控制理论"。1939年，他和约翰·多拉德（John Dollard，1900—1980）等人合作了《挫折与攻击》一书，验证弗洛伊德提出的挫折攻击理论。弗洛伊德认为，人类的基本欲望是寻求快乐和回避痛苦，当基本欲望受阻，就会产生挫折，进而对外或对内攻击。为此，他们做了一个非常有恶作剧性质的实验：把两只老鼠放在铁笼中，给笼底通电，两只老鼠便会互相攻击，好像"认为是对方让自己脚麻了"。而如果笼子中只有一只老鼠，则会在触电后暴打旁边的橡皮娃娃。多拉德由此提出"任何攻击行为都有挫折之源"，米勒又加以修正：挫折可能导致多种不同的行为反应，而攻击性反应则是其中最普遍的一

第一章
心理初探篇：心理知多少

种，除此之外，还有越挫越勇、胆怯退缩、陷入空想等。挫折如果要转化成攻击，还需要环境中有相关的提示线索。著名的"踢猫效应"，即受挫后转而攻击弱者泄愤，也可以由此实验来解释。但如果攻击者身边没有猫，则这种攻击提示线索不存在，攻击行为就难以发生了。

1941年，米勒和多拉德二人又共同出版了《社会学习与模仿》，书中用行为主义的强化理论解释了人类模仿行为的产生：人类出于某种原始（生理层面）或高级一些（情感、权力等）的需求，通过强化刺激，逐渐习得了模仿行为；而所谓人格，就是一些相对稳定的习惯集合。这些观点也影响了接下来的诸多实验。1948年，米勒再次给白鼠"整活"：他把白鼠放入一个半黑半白的实验箱中的白色隔间，然后进行电击，白鼠跑到黑色隔间就可以避免电击。当他再次把白鼠放回白色隔间时，白鼠就出现大小便失禁、浑身颤抖等表现，这表明它们习得了对白色空间的恐惧，符合巴甫洛夫的经典条件反射实验。随后他又在黑白区域之间加了飞轮，老鼠只能通过飞轮跑到黑色区，即使没有电击，老鼠也很快学会了转动飞轮。他又把飞轮换成杠杆，老鼠也学会了按压杠杆。由此可以得出结论：恐惧本身就是一种强大的驱力，能够驱使白鼠学会许多可以降低恐惧的行为。但其原理不适合随意应用于人类，因为人类心理比老鼠复杂得多。

被麻痹的老鼠

1961年，美国心理学家格里高利·拉兹兰（Gregory H. Razran，1901—1973）在《心理学评论》中介绍了苏联学者对于内感受器的研究，提出了生物反馈的概念。当时正好是美苏冷战时期，两国在科学研究上也是你追我赶，因此生物反馈的研究在20世纪60年代一下子蓬勃发展起来。

此前巴甫洛夫的神经理论支配学界，大家普遍认为植物神经（即意识无法控制的内脏神经，也称为自主神经、自律神经、不随意神经）是无法通过条件反射训练的，而1967—1968年米勒在洛克菲勒大学的研究则否定了上述理论。由于还没有掌握给鼠把脉这种技术，起初米勒用仪器监测大白鼠的心跳，只要产生了目标动作（如心率下降），就给老鼠食物奖励，后来四组实验白鼠渐渐学会了加速或减速自己的心跳、增强或减弱自己的肠道收缩。可是骨骼肌运动也有可能会对实验有影响，所以米勒又展开了"箭毒白鼠"实验。在南美洲，印第安人会用毒箭来射杀猎物或敌人，其毒素的有效成分主要是筒箭毒碱，可以取自某些马钱子科和防己科植物或者是箭毒蛙的分泌物。这种毒素会阻断神经信号传递，让生物肌肉松弛，最终心肌无力而死。米勒用少量箭毒让老鼠的肌肉停止反

第一章

心理初探篇：心理知多少

应，再用人工呼吸机让它们不至于窒息，这样就可以顺利排除骨骼肌运动带来的干扰。

那被麻痹的老鼠还怎么靠吃东西来奖励呢？幸好在1954年，美国心理学家詹姆斯·奥尔兹（James Olds，1922—1976）和加拿大籍英裔生理心理学家彼得·米尔纳（Peter M. Milner，1919—2018）共同发表了论文《电刺激大鼠脑隔区和其他区域产生的正强化》，宣布他们发现了大脑的"快乐中枢"（pleasure center）。本来他们想用电击老鼠大脑来研究恐惧感，但是助手误把电极放到了鼠脑边缘系统的隔区。老鼠在试验箱中触碰一个杠杆就会释放电流，按照之前的经验它会学会避免碰杠杆，可是万万没想到，老鼠仿佛被电得挺舒服，不停地按压杠杆，根本停不下来，甚至一小时能按压五千次。即便旁边有美食的诱惑，老鼠们也不停下，俨然一个在游戏机上奋斗的玩家。二人继而电击了隔区附近的其他位置，于是，位于隔区、内侧前脑束、下丘脑外侧核和腹内侧核等区域的"快乐中枢"（也译为"愉悦中枢"）被发现，不仅揭示了成瘾的机制，也提供了一种新的奖励方法。顺便一提，米尔纳的夫人叫布兰达（Brenda Milner，1918—），是英美加三国院士，她发现了海马体对长时记忆的重要性，是目前最长寿的心理学家。

米勒在老鼠只能躺平的状态下，用电针接触它们大脑的"快乐中枢"。每当老鼠出现指定的内脏动作时（如A组老鼠需要把心率提高到某数值，B组需要把心率降低到某数值），就用微电流给它们带来快感。为了让结果更加严谨，此实验还有一种负强化操作法，如果说正强化的奖励是"给好处"，那负强化的奖励就是"移除坏处"——研究者持续电击老鼠尾部，当其内脏出现指定动作时，则停止电击。之后米勒于1969年将上述结果组织成论文《内脏和腺体反应的学习》并发表，文中解释：对白鼠内脏行为的训练原理，基于斯金纳的操作性条件反射，即对于偶尔出现的行为进行奖励，最终使白鼠习得某种行为。

除了上述几人，还有美籍日裔的神谷乔（Joe Kamiya，1926—2021），1958年在芝加哥大学研究了脑电波的神经反馈；赫伯特·卡麦尔（Herbert D. Kimmel，1927—2012）进行了关于情绪、智力和神经系统的研究；加拿大籍亚美尼亚裔的约翰·贝斯马建（John V. Basmajian，1921—2008）在1957年研究了肌电图。

在研究生物反馈的诸多学者中，米勒无疑是最有影响力的。1983年他在《心理科学进展》上发表过著名的《神奇的7±2：信息加工能力的局限》，对于短时记忆的研究具有里程

第一章
心理初探篇：心理知多少

碑意义，也是认知心理学建立的标志之一；他还与多拉德将精神分析体系中的动力理论与自然科学的实验结合，加之班杜拉的社会模仿理论，创立出新的社会学习理论——他们认为人格也是习得的，而组成学习的四个部分是内驱力、线索、反应、奖赏。简单理解这四个要素就是："只有当个体有需求（内驱力）、注意到提示（线索）、产生动作（反应），以及获得满足（奖赏）时，学习才会发生。"这也从另一个角度解释了生物反馈的内脏学习原理。

米勒等人的生物反馈研究，在心理学发展史上至少拥有两大突破性：首先此类实验必须借助仪器测量，肉眼不可直接观察实验对象的内脏反应；其次他们训练的是实验对象在强化物的作用下，控制自己的内脏活动。

用仪器测量其实并不是心理学家的专利。早在百年前的1868年，电话的发明人亚历山大·格拉汉姆·贝尔（Alexander Graham Bell，1847—1922）就用仪器将声音转化成可视的波形，来帮助耳聋者区分不同语音。其原理与生物反馈如出一辙。只是正式的生物反馈研究还是始于20世纪60年代，米勒、卡麦尔、神谷、贝斯马建、奥尔兹被后世称为生物反馈的五大标志性人物。基于这些研究，1968年美国生物反馈学会成立。

内部学习立大功

　　那么这几位心理学家所研究的"内部学习",到底有什么用呢?人体内存在许多生物反馈,基本上都受到中枢神经系统的影响,虽然有很多是我们意识不到的。如血压过高时,中枢神经会发出指令,让血压降低,如果此时神经传导不顺利,人体就会持续遭受高血压的折磨。米勒用打篮球的例子来比喻:我们能通过眼睛看到篮球的轨迹,因此每次投不准的时候,大脑都会控制手臂修改为新的角度,最终学会投篮;如果你投出后就闭上眼睛,想要投得更准会难于上青天。生物反馈技术就是让你看到自己的内部"篮球轨迹",之后通过它更快地学会深层次的自我调控。如今,生物反馈技术已经广泛应用于多种疾病的治疗,包括神经衰弱、焦虑症、抑郁症、恐惧症、头痛、高血压、糖尿病、肌无力、吞咽障碍、大小便失禁、帕金森、脊椎疾病等,对一些和精神因素相关的疾病有立竿见影的效果。例如,1984年,美国高血压预防、检测、评估与治疗联合委员会(JNC)就倡议使用包含生物反馈技术的非药物方法治疗高血压,50%—80%的原发性高血压患者用了此疗法都有显著改善。据20世纪80年代初的统计,在生物反馈的发源地美国,将这种新技术作为治疗手段的机构包括四百多

第一章
心理初探篇：心理知多少

家医院和几千家私人诊所。许多心理康复、酒瘾药瘾戒断治疗中，都应用到了生物反馈技术。

生物反馈不仅对内脏疾病有帮助，还可应用于术后和疾病康复中。贝斯马建曾指导出一个博士后——捷克人弗拉迪米尔·杨达（Vladimir Janda，1928—2002），人称"现代康复之父"。杨达小时候得了小儿麻痹症，瘫痪了两年，后来虽然可以走路，但是落下了后遗症，终身都没有好利索，难以离开助行器——就是外国电影里经常看到的类似小椅子的东西，可以让老人拿着一步步往前走。杨达1947年上了医学院，之后终身研究肌肉失衡的康复。失衡的肌肉和无法随意控制的内脏是类似的，也能用生物反馈法进行训练，而且"病人的肌肉总是比最佳治疗者的肌肉做得更好"。笔者认为这是减少了意识或情绪对植物神经的干扰。杨达回老家之后创立了布拉格学派，如今该派的理论已经占据了康复医疗的半壁江山。在一项中国的研究中发现，肌电生物反馈治疗有助于改善脑卒中偏瘫患者的上肢功能，实验对象经过三个月的生物反馈治疗，明显比对照组手腕活动范围增加。

生物反馈是一种积极的治疗方法，强调主被动结合，最大的特点是促进患者自我的重建。该疗法训练目的明确、简单有效，求治者无任何痛苦和副作用，同时也能让患者在学会后减轻经济负担。

当然，对生物反馈的批评也一直存在。例如说它其实控制的是内脏中隐藏的"骨骼肌"，算不上对植物神经的控制；也有人因为米勒和多拉德受到精神分析学说的影响，而批评生物反馈是伪科学；更有人说它是"安慰剂效应"。但是所有的指责，都是围绕该疗法的原理来抨击的，却难以批评其由实验数据打造的结果。当然，生物反馈疗法也不是万能的，虽然在治疗上有很大的效力，但是不能替代药物、手术和化疗，它只是治疗的一部分，也是身心相互影响的一个有力证据。

第一章
心理初探篇：心理知多少

神奇女侠——真言套索和测谎仪有什么关系？

电影《神奇女侠》中，女主角拥有一个名叫"真言套索"的法宝，只要套住对方，对方就必须说实话，这让很多人羡慕不已。如果在街上随机做一个调查，题目为"你最不能忍受身边人的行为是什么？"很多人的答案都会是——说谎。日本的小朋友在做约定时，会在小指拉勾的同时来一句"说谎的人，要吞一千根针……"发毒誓也许是最原始的一种测谎方式，目的是通过心理施压的方式让对方不要说谎。实际上，随着科技的不断发展，"测谎仪"早就走入了大众的视野。

测谎仪与"心理漫画家"

测谎仪又名"多道心理测试技术""多项描记器"，可以记录受试者被提问时的应激生理改变，是一种检测受测者是否说谎的仪器。其利用受测者说谎时会产生某些生理反应的原理设计制成。

早期的测谎实验是单纯监测受测者的心跳和呼吸频率,因为一般人在说谎的时候由于紧张,心跳和呼吸频率会加快。但有些心理素质好或经过训练的人可以通过控制呼吸、平复心跳,从而影响测试结果。所以,这种实验得出结论的准确性令人质疑。

一直到1915年左右,哈佛大学学生威廉·马斯顿(William Moulton Marston,1893—1947)在妻子的启发下,通过实验发现说谎与人体收缩的正相关性,因此他开始以血压的变化为依据进行测谎,只不过当时没人愿意承认他的测谎结果。

后来,威廉·马斯顿根据这个测谎仪设计了一个漫画人物——神奇女侠,只要神奇女侠将"真言套索"套在别人身上,这个人就必须说实话。1921年,时任伯克利警员,同时也是加利福尼亚州立大学医科研究生——约翰·赖森(John Augustus Larson,1892—1965)在马斯顿制造的测谎仪的基础上进行了改良,由单纯监测血压,加入了心跳和呼吸监测。

1939年,赖森的助理莱纳德·吉勒(Leonarde Keeler,1903—1949)又在赖森制造的测谎仪的基础上,提高了测谎仪的便携性,同时加入了皮肤电活动监测并申请了专利,从而奠定了现代测谎仪的原型。自此，测谎仪这个神奇的机器开始慢慢被接受并被用于辅助刑侦审讯。

测谎仪的工作原理

现在的测谎仪主要是由主机和传感器组成的，其中传感器的作用主要是收集被测试者四个方面的生理指标变化：心律、血压、呼吸和皮肤电阻（会因皮肤表面汗液分泌而改变）。

皮电反应

皮电反应是反映人交感神经兴奋性变化最有效、最敏感的生理参数，它通过测量人手心发汗的程度而直接反映出人心理紧张状态的变化，反映幅度大、灵敏度高，不易受大脑意识的直接控制，是国际上应用最早、最广泛，并得到普遍承认的心理测试指标。

呼吸速度

人在紧张时，大脑皮层兴奋性会发生一些变化，而这种变化必然会影响呼吸速率，导致深呼吸、屏气、呼吸节奏加快或变慢等，并且这种变化往往是自己意识不到的。

血压/心律

人在情绪发生变化或处于紧张状态时，会相应产生心血管活动的改变。比如，人在紧张时，心脏每搏输出量增加、心律加快，从而使血压的收缩压上升。

另外，人的紧张心理还会使血液循环的外周阻力增加，从而使血压的舒张压上升，这点在图谱上的观察尤为明显。

这四个方面的生理变化是受自主神经系统控制的，不易受人的意识影响，因而能较好地反映人的情绪状态。被测者在回答询问的过程中，因情绪变化而导致的自主神经系统的生理变化会被测谎仪器细致地记录下来，主机将传感器信号打印到一张纸条上。测谎者根据记录结果，就可以分析被测者在回答相应问题（特别是关键性问题）时的情绪状态及其变化，并推知其说的是谎话还是真话。

现在的测谎仪经过了更新换代，又增加了脑电图和核磁共振技术，目的是通过监测受测者的脑活动来判断其有没有说谎。

说穿了，测谎仪所测的其实不是谎言，而是情绪。因为人在说谎时，情绪波动会导致一系列植物神经系统功能的变化，进而造成身体状态的变化，包括呼吸和吞咽频率的加

第一章
心理初探篇：心理知多少

快、排汗量的增加、心跳的加快……这些都是不由自主的，而且难以控制。

测谎仪一定管用吗？

没人敢说测谎仪的结果是100%正确的。测谎技术于20世纪80年代进入我国的公安部门，成为技术侦查的有力辅助手段；90年代进入司法部门，极大地辅助法官们提高了鉴别举证真伪的能力和信心。

不过，测谎仪也只是辅助技术，并不能完全依靠其结果办案。2004年9月，中国人民公安大学犯罪心理学教授和犯罪心理测试技术专业的硕士研究生导师武伯欣在接受采访时透露，目前测谎仪的准确率已达到98%。

直到现在也没人敢说测谎仪的正确率是100%。因为，一个又一个的案例证明，测谎仪测出的也不一定是真话。例如，1986年在美国发生的一起空姐碎尸案，正是因为身为凶手的丈夫接连两次都通过了测谎仪的测试，才使案件的侦查被迫中断。

有时候，看似先进的测谎仪想要成功识别心理素质极好或偏执的犯罪嫌疑人还是很困难的。一些人甚至可以免疫测谎仪，因为他们坚信自己的做法没有错，并且对自己的犯罪事实毫无愧疚之心，因此这种人在任何高精尖的仪器面前都能够从容应对，就像碎尸案中的凶手丈夫。

还有一类人，就像王立群在百家讲坛中讲刘邦的第一集中所说的，有些人就是脸皮厚，说谎脸不红心不跳，现在的测谎仪对他来说，可能也不管用。

除了以上两种人，另外一种情况就是，那些无辜的人被当成罪犯时，可能会很紧张，这时候他的各项生理指标也会出现很大的变化，从而造成了测谎仪的判断错误。

2019年，在一档以解决家庭纠纷为内容的英国脱口秀节目中，嘉宾被妻子怀疑婚内出轨，进而接受了测谎仪的测试，测试结果为他出轨了。然而真相是，嘉宾并没有出轨。最终，嘉宾在各种舆论的逼迫下，选择了自杀……

美国测谎协会会长沃尔特·古德森（Walt Goodson）曾表示："说真话的人也会改变自己的生理反应，以为这会有助于自己通过测谎，而测谎文献表明，许多这种说真话的受试者在试图这样做的时候，也会被归入欺诈者的行列。"

俗话说"人心难测"，想要单纯靠一种仪器来判断一个人的内心世界，目前仍有难度，毕竟人是情感复杂的生物。至于以后会不会发明出可以洞察人类内心的机器，我们不妨拭目以待。

第一章
心理初探篇：心理知多少

♡ 脑残粉——不符合审美的偶像为何这么火？

印度电影《脑残粉》中，讲述了一个粉丝和明星相爱相杀的故事。现实中确实有很多粉丝，会爱明星爱得不得了。有些偶像甚至是眨眼间就被粉丝们推上神坛。可是某些明星明明颜值不高，却很受欢迎，而且很多粉丝都认为他就是好看，这让很多"吃瓜群众"百思不得其解。

那么问题来了，有些看上去颜值不高的偶像，为什么能在一众美少男少女当中脱颖而出？

知觉特征助力脱颖而出

人最初级的心理功能是感觉，也就是我们平时说的视觉、听觉、嗅觉等，但是这些感觉信号进入大脑后，还要进行知觉加工。知觉是一种心理现象，其定义是：一系列组织并解释外界客体和事件产生的感觉信息的加工过程。听上去有点绕是不是，简言之，就是把感觉器官收集来的碎片化信息整理成一个相对完整的框架，然后再贴上一定的分类标签。

人类的知觉有相对性、选择性、整体性、恒常性、组织性等特点，其中组织性就是通过主观选择，将接收到的刺激信号分类的一种特征。比如我们看到桌上左边有几个苹果、右边有几个梨子，就会将桌上的水果分为两类，而我们自己根本没注意到大脑中的这个加工过程。

但是这个和那些颜值不太高的明星爆红有什么关系呢？知觉的组织性遵循相似法则，就是在多个刺激物同时出现的时候，人们会将颜色、形状、大小相同的物体自动归为一类。例如，当女团人数特别多的时候，其他大部分好看的女团成员被分为一类，而某些颜值不太高的明星，就成为万白丛中一点黑，自己就占了一类。

因为个人特色让别人记住，并不是颜值不太高的明星的独门绝技，那些成为表情包的明星，也是因为这个原因受到了关注。但是，仅仅是长相不一样，只是人际影响的第一步——让人记住，并不一定能被人进一步喜欢或讨厌。

第一章
心理初探篇：心理知多少

黑粉与"对比效应"

有些人总认为，偶像必须颜值超出常人，其实不一定。在这里先说句公道话，很多人说某些明星长得丑，但实际上他们只是受到了一众"白瘦美"的"衬托"。就像《射雕英雄传》中的郭靖（注意不是《神雕侠侣》时期已经升级的郭大侠）一样，因为周围的大多数人——黄药师、黄蓉、欧阳锋、欧阳克、周伯通、托雷等都是非常聪明的，所以郭靖就显得笨。但其实郭靖的智力绝对超出常人，不信的话，你在不知道意思的情况下背诵《九阴真经》全文试试？短时间内学会降龙十八掌试试？一个月轻功超过江南七怪试试？如果单独把郭靖的成就拿出来看，所有人都会为他打高分，可是其他人的表现影响了他的成绩，这就是对比效应。同理，某些女明星的五官底子还不错，但是和其他亚洲女团偶像比起来，显得不够秀气。或许换个角度，比如放到欧美人的眼中，这种狂野、大气的形象，绝对是符合他们的审美眼光的。鉴于大部分综艺都是给本国人看的，很多黑粉也是站在中国人的审美角度上，所以才把这些明星规划为丑的一类。

在传播心理学中，黑粉也是一股不可忽视的引流力量，各种恶搞让明星的知名度飙升。心理学上还有个奇怪的现

你也可以懂的心理学
心理师带你解读电影的心理密码

象，事物出现的频次越高，人们对其好感度就会越高，所以你刚开始觉得某明星很难看，多看些表情包就觉得，这人还挺好玩的。这种现象叫Effort Justification，可以翻译为"努力正当化"，还可以翻译为"心血辩护"，也就是说，你为一个刺激物付出了时间或精力，久而久之就会越来越喜欢它。还不明白的朋友可以参考《乐高蝙蝠侠大电影》，结尾蝙蝠侠和小丑在经过激烈战斗后，相爱相恨的桥段，就证明了这一点。因此，想要火的人，不一定非要把自己变成天仙。

但是，单纯黑粉多，并不能让自己持续火下去，性格渲染才能形成长期影响力。那些不走寻常路的明星，当然知道自己的装扮有些辣眼睛，他们背后的经纪人可是对大众的追星角度有着丰富的经验。例如，有的明星，一开始就将自己定义为欧美范儿，这不仅引导了大众的多元化审美，也重新定义了"颜值"的概念。显然，如果和别人一样走清秀路线，不如现在的选择这么明智。那些颜值不高的明星，还有两个特点容易让自己真正收获真爱粉，而不是黑粉。一是敢于自黑。在社交过程中，自黑其实是一种拉近双方距离的方法。当你自己意识到自己的黑点并自嘲的时候，别人就无法再进行攻击，矛盾的气氛得到缓和，明星本人也给人留下一个"接地气"的印象。二是自信的同时，拥有平易近人的性格，也会使他赢得

第一章
心理初探篇：心理知多少

长期关注。如某些明星在综艺中比赛时，确实表现出强大的气场，被淘汰的时候也没有掉泪——这都源于其强大的自信心，会引起观众们的情感唤醒，即让观众想到了自己经历过的类似事件，而自己在失败时表现不好，反衬出了该明星的榜样形象。同时，明星和粉丝互动时会保持和蔼，这样的表现，也防止其出现"过度自信"的评价，不会被扣上装模作样的帽子。

其实，笔者对某些综艺里明星的逆风翻盘从不感到意外，因为演艺圈经常会有素质不错、装扮别致、敢于自黑、气场自信的明星，能够吸引大众的注意。这类明星之前会有，之后也一直会有。

第二章

多彩情绪篇：喜怒哀乐的奥秘

♥

喜怒哀乐都是情绪，也是电影情节在观众心弦上弹出的音符。本章通过几部电影，帮助你了解情绪的重要功能，以及控制情绪的方法。

未被表达的情绪永远不会消失,它们只是被活埋了,有朝一日会以更丑恶的方式爆发出现。

——弗洛伊德

第二章
多彩情绪篇：喜怒哀乐的奥秘

超能陆战队——拥抱带来好心情

电影《超能陆战队》曾凭借一个简单的白色暖男机器人——充气大白引发现象级热潮。为什么一个构造如此简单的"米其林代言人"能这么受欢迎呢？其实其中有不少心理学原因。同样是白白胖胖，包子版的小龙女就只能被人吐槽，而这个连嘴都没有的机器人却能得到观众的芳心，是不是很不公平？其实这并不奇怪，因为人们喜欢大白，最主要是被他那温暖的熊抱征服了。大白式的拥抱，对于人类来说是非常重要的。要想刨根问底，那还要从一只没妈妈的小猴说起。

哈洛的猴子实验

20世纪中期，美国出现了一位热衷于拿猴子做实验的心理学家，名叫哈洛（Harry F. Harlow，1905—1981）。由于哈洛从小性格孤僻，所以长大之后，他就致力于研究影响"安全感"的心理因素。他曾做过一个著名的恒河猴依恋实验——由于恒河猴的基因有94%和人类一样，所以可以通过幼年猴的行为来解释人类婴儿的一些行为。

哈洛做了两个假的母猴，一个是绒布做的，另一个是铁丝做的（猴脸非常简单，甚至和大白有些相似，不知道电影的主创人员是不是以其为参考）。两个母猴胸前都有奶瓶时，小猴子看到这两个母猴后，都喜欢抱着那只绒布的母猴。可是出人意料的是，当绒布母猴胸前没有奶瓶的时候，那只小猴也只在饿的时候吃铁丝母猴的奶，大部分时间还是依偎在绒布母猴的胸前。可见对温暖柔软的物体的依恋，是动物的本能之一。为了进一步证明自己的推论，哈洛还把刚出生的小猴子和妈妈分离，之后他发现小猴子甚至对毛巾产生了依恋：小猴被夺走奶瓶的时候不会非常着急，可是实验人员夺走包裹它的毛巾时，它却撒泼打滚不愿意。哈洛又把绒布妈妈放到旁边的笼子中，然后用玩具吓唬小猴，小猴会眼巴巴看着绒布妈妈；如果绒布妈妈被放到看不见的地方，小猴就在墙角缩成一团，吓得尖叫，也不去抱铁丝妈妈。根据这个实验，哈洛得出结论，只有奶水绝对无法让孩子健康成长，母爱的核心是接触带来的安全感。哈洛为了验证这一点，做了很多邪恶的绒布妈妈，有的会吹出寒风，有的会伸出尖刺，有的会发出怪声，可是如果

第二章
多彩情绪篇：喜怒哀乐的奥秘

让猴宝宝只和它们接触，即便母亲很邪恶，宝宝还是会紧紧抱住绒布妈妈不肯离去，由此我们可以看出：坏妈妈也比没妈妈强。

而被他折磨过的这些猴子，长大后也对自己的后代缺乏关爱。其中的母猴有20只有了自己的孩子，但有7只母猴都不管自己的亲生骨肉，8只经常殴打孩子，有4只甚至杀死了自己的孩子，只有一只母猴笨拙地尝试喂奶。这说明，缺爱的童年会将不幸代代相传。

为什么有了绒布妈妈还是不行呢？哈洛推测，猴妈妈需要陪孩子玩，孩子才能健康成长。于是他又带着学生们做了一个会摇摆的绒布妈妈，这样带出的猴宝宝长大后基本正常。1958年，哈洛当选为美国心理学会主席，在华盛顿的年会上发表了名为"爱的本性"的演讲：他认为母爱包含接触、运动和玩耍三个要素，这三个要素能促进灵长类的脑部神经发育。在演讲的最后，他提出了他研究的实践价值：之前很多孤儿院都只给孩子喂食，禁止接触孩子，以至于婴儿的死亡率很高，如果多和他们进行接触性互动，就能改善这一现状。独立并不是靠狠心练就的，反而是母亲在附近的时候，孩子最容易有安全感，敢去探索外界；而母爱不够的猴子，反而难以融入猴群。

哈洛又观察了一些小孩子，发现母亲的拥抱可以中止孩子的哭闹，甚至让孩子抱着母亲经常穿的毛衣，都可以使孩子安静下来——这更加证实了哈洛的推论：身体接触带来的安全感，是"爱"的重要元素。

哈洛

后来，身患自闭症的女农学家天宝·葛兰丁（Temple Grandin，1947—）也发现，有力的拥抱可以减轻牛和人的躁动感或恐惧感。葛兰丁从小就患有严重的自闭症，虽然渴望拥抱，但是对于和其他人发生肢体接触特别不适。一次她发现农场主给牛打针时，会用一个机械装置把牛的两肋夹起来，便由

第二章
多彩情绪篇：喜怒哀乐的奥秘

此受到了启发，用海绵和木板做了一个"拥抱机器"，在她焦虑的时候，就用这个机器包裹起自己的身体，获得心理上的安全感。

现在我们知道大白为什么会如此受到广大影迷的欢迎了，原来，人类和动物都喜欢温暖柔软的拥抱，这是一种生物生存的本能。温暖的拥抱对于幼年的人和动物的心理发展尤其重要，有时候甚至超过了饮食的地位。很多婴儿半夜哭闹时，父母会起来给孩子喂食。其实孩子哭闹并非因为饥饿，很多时候是表达一种对安全感的需要，只要父母对他进行抚摸，给他舒适的触觉刺激就行，除非基因异常，否则孩子如果得到适宜的皮肤接触，以后人生中的安全感都会增强许多。所以爸爸妈妈们，不要总是那么严肃、板正，每天去拥抱你的孩子吧！

拥抱不足的恶果

或许有些家长会说，如果每次听到孩子哭，都及时拥抱，那是不是会形成条件反射——为了让父母多抱抱，孩子就会不停地哭，这样家里不是就永无宁日了？在20世纪初，就有心理学家想到了这个问题。

这个心理学家叫约翰·华生（John Broadus Watson,

1878—1958），和福尔摩斯的助手名字很像。1928年，华生出版了《婴儿和儿童的心理学关怀》——可别被这本书的名字忽悠了，这本书可没有真正的关怀，而是告诉家长们不要过度关照孩子。如果孩子哭怎么办？很简单，要用"哭声免疫法"，假装没听见，千万不能抱，等不哭的时候才可以抱一下，孩子们发现哭没用，就会形成新的条件反射，遇到事情就不哭了。如果孩子想要什么东西，父母也一定要延迟满足，先故意不给，然后提条件，让他们明白成年人的社会是要付出代价的。美国的父母们用华生的方法对待小宝宝，嘿，还真有效。此后华生变身当时最炙手可热的教育家，其思想统治美国育儿界近40年。

华生大力推广这些育儿法，当然不能放过自己的孩子。他的妻子在婚后给华生产下二子一女。小时候的孩子们确实很听话，可是长大后问题就来了——大儿子多次自杀，三十多岁时终于自杀成功；二儿子一辈子啃老，年纪轻轻就胃癌去世；女儿玛丽成了一个暴躁的酒鬼，多次自杀，甚至后来外孙女也像母亲一样，集齐三大可怕"爱好"：发飙、喝酒、自杀。华生的一个儿子评价他说："他没有同情心，情绪上也无法沟通。他不自觉地剥夺了我和我兄弟的任何一种感情基础。"

第二章
多彩情绪篇：喜怒哀乐的奥秘

华生这种构建一个没有感情的理想国的观点，不仅坑了自家的娃们，还祸害了整整一代美国人。战后美国出现的"垮掉的一代"，正好是用华生育儿法养大的第一波孩子，他们性格暴躁，不修边幅，讨厌工作和学习，吸毒、纵欲，追求绝对自由，挑战传统价值。归根到底，都是从小缺爱导致的心理后遗症。这些人中还出了几位著名作家，掀起了"垮掉一代文学热"，如《达摩流浪者》的作者杰克·凯鲁亚克（Jack Kerouac，1922—1969），《裸体午餐》的作者威廉·巴勒斯（William Burroughs，1914—1997），还有反学院派诗人欧文·艾伦·金斯伯格（Irwin Allen Ginsberg，1926—1997），这些人文风一个比一个叛逆狂野，甚至后来还启发了朋克摇滚的出现，至今仍有影响。现代的研究表明，被华生育儿法养大的孩子，轻者患有睡眠障碍，重者患有人格障碍甚至精神分裂。几十年后，美国的父母才悔之晚矣，集体讨厌华生。但错误的指导，已经深深影响人的心理状态，甚至时间跨度比我们想象中要长很多，在21世纪的中国，依然有父母尝试用这种方法来对待婴儿。

而哈洛的实验虽然残忍，可是他的实验，通过毁掉小猴子们的幸福，让广大民众知道了爱的重要性，让垮掉的一代，不至于养育出垮掉的下一代。

头脑特工队——人为什么会有消极情绪？

在《头脑特工队》中，脑内只有乐乐是积极的，其他四个情绪都是消极的，这种象征非常贴切。其他影视作品中也经常有消极的角色。如在《海贼王》中，乌索普以消极著称，总是把事情往坏处想。在日剧《逃避可耻但是有用》中，主角也经常用消极的态度来对待周围的人和事情。生活中也有不少这样的人。有些人负能量很重，习惯性地说丧气话，甚至在没做事情之前就先表达否定言论。这对于他们来说是一种解压方式，因为说这些丧气话会降低他们的预期，如果最后事情真的没办成，他们也不会太难过，甚至还会因为说中了而有点高兴。

虽然对于当事人来说，把丧气话说出来，好像会让自己轻松一些，但是周围人可就难受了。如果一直这样下去，不但当事人会习惯性否定各种东西，逐渐觉得自己的生活真的很糟糕；而且因为情绪是会传染的，周围人也会越来越讨厌散播负能量的他。总说丧气话是一种消极的表现，它背后往往有错误观念的支撑，例如他们会觉得：自己就是容易出事故的倒霉鬼；只要这事情困难，自己肯定做不好。

消极情绪为什么会出现？

"科学心理学之父"、德国心理学家威廉·冯特（Wilhelm Wundt，1832—1920）指出，感觉（sensation）是心理元素的基本单位，呈现人经验的客观内容；感情（feeling）显示人的经验的主观内容，是感觉元素的主观补充；而情绪（emotion）是由几种感情组成的复合体。人的情绪有很多种，积极的情绪只有快乐（按照程度和对象不同，可以分为舒适、开心、狂喜、爱意、满足等），但是消极的情绪就多了，除了基本的愤怒、惧怕、厌恶、忧伤外，还有嫉妒、傲慢、贪心、嘲讽、害羞、愧疚、猜忌、敌意、蔑视、无助等，每种也可以按照不同的程度分成很多亚型，如轻度的惧怕就是焦虑，重度的惧怕就是惊恐。

这些情绪大多可以在高等动物身上找到痕迹，我们可以理解为，这些情绪是千百万年的进化而得来的，对个体的生存发展有一定的意义。如愤怒、惧怕和厌恶可以保护个体免受外

冯特

界一些危险的侵害，让个体远离不洁净或恐怖事物的刺激。一个小例子可以说明——蛇在自然界中是比较危险的生物，我们的猿猴祖先就将这一危险信息写入"本能"中传给后代，所以人见了蛇害怕是天性，通常受过一定训练或被人示范后才会敢于接近。

看起来，消极心理非常有用，其工作职能是推动人远离"自认为"不好的事物，从而往"自认为"积极的方向前进，可以理解为，它们将不好的路堵死，让你更明白要走那条"光明正确"的路线。可是，当消极情绪把你围得无路可走时，问题就出现了。

第二章
多彩情绪篇：喜怒哀乐的奥秘

心理学家阿伦·贝克（Aaron Beck，1921—2021）认为，人们内心的痛苦是认知过程发生机能障碍的结果。人们解决日常生活问题的心理工具，被称为"普通常识"（common sense，有些书翻译为"共同感受"，这显然不如"普通常识"易于理解），即从外界获取信息，结合自己的经验，提出问题假设，进行推理，得出结论并验证。可是人们在评价事物的时候，往往忽视了合理的推断过程，而形成一种"自动化思维"，久而久之成为固定的思维习惯。如果自己不能对此加以反省，则会形成习惯性的错误认知。另外，个体在成长过程中会形成一定的"衡量规则"，如果不顾客观现实，一味按照自己的规则评价外界或指导行动，也会产生不良情绪和不适应的感觉。

贝克发现，有情绪困难的人倾向于犯一种特有的逻辑错误，他们更"喜欢"（或者说习惯于）自黑，将客观现实向自我贬低的方向歪曲。这些歪曲会导致系统推理错误的形成，恐怕会让你和"名侦探柯南"的差距更拉开了一大截。常见的推理错误有：

主观推断：没有证据支持就得出糟糕的结论。

选择性概括：以偏概全，过分关注消极细节。

极端思维：对事物的判断非黑即白，总是走极端。

贴错标签：根据以往的错误或某特定方面来定义别人。

贝克和认知学派的心理学家雷米认为，纠正核心错误观念是对付消极心态的终极武器。在心理咨询中，专家会把个体的注意力集中在和情绪与行为密切相关的方面，对过去忽略的经验重新加以体验和评价，通过演示、建议或模仿等方式，改变表层的错误观念（如告知其过山车出事故概率极低，拿出大数据作证），逐步通过语义分析来对其进行驳斥，渐渐引出其与自我概念相关的抽象命题（认为自己就是容易出事故的倒霉鬼或不敢玩刺激游戏的胆小鬼），通过严密的逻辑使之认识到，自己对不良后果的估计远远夸大。最后再通过不断练习，逐步让一个人养成一种积极的"习惯"。个体可以通过家庭作业、自我暗示或请别人监控自己的情绪等方法来防止消极情绪在自己的内心蔓延。

温度带来的消极情绪

除了认知外，温度也会影响情绪。人的体温是恒定的，不管是生活在热带的黑人，还是生活在北极的因纽特人，体

第二章
多彩情绪篇：喜怒哀乐的奥秘

温都在37℃左右。在结构非常复杂的人脑中，有个部位叫下丘脑，是负责调节体温的地方，对人体的各部分发号施令，让体温维持在37℃左右。在天冷的时候，人是通过调节毛发根部的紧张性、改变血流速度等方式来控制体温的。如果人的体温难以维持，下降到35—36℃，就会出现寒战、起鸡皮疙瘩。这时候人的呼吸、心跳加快，血压升高，神经处于兴奋状态，而这种兴奋主要用于维持体温。在饥寒交迫的情况下，人显然不能长期处于亢奋状态，如果体温下降到30—35℃，血液循环和呼吸功能将逐渐减弱，呼吸、心率减慢，血压下降。精神也会出现倦怠，运动不灵活，并可能出现意识障碍，这时候别说发脾气了，运动都做不到。

而天热对人的影响更加明显。当天气太热的时候，下丘脑就会指挥身体散热，多余的热量借助皮肤血管扩张、血流加速、排汗、呼吸、排泄（没错，撒尿时打冷战就是排出了热量的缘故）等方式排出体外，这些反应和人在生气时候的反应是类似的。人体有一个奇妙的现象，就是心理状态可以引发某些生理反应，而生理反应也能反过来引发相应的情绪。不信的话你对着镜子强迫自己做笑脸，笑着笑着就会发现自己好像真的开心了一些。如果人已经在高温环境下待了一段时间，身体就会不堪重负，出现头晕、恶心等状况，脾气也会跟着涨起来，要是再晒的话，就要中暑晕倒了。

有研究表明，当温度升到40℃时，打架斗殴、自杀等事件的发生概率，会比平常高出许多。而当室温降到10℃以下时，人们会感到沉闷、情绪低落；气温低于4℃则会严重影响思维效率。或许这就从某一个侧面，解释了为什么非洲中部和阿拉伯国家总是战火连天。当然，温度只是人类行为的一项影响因素而已，心理学家阿德勒（Alfred Adler，1870—1937）认为，影响人成长的有三个因素，即遗传、环境和创造能力，单因素并不具有决定性作用。

温度不仅能影响情绪，还能影响其他很多指标，比如动物的体型。同样是熊，生活在寒带的北极熊和生活在热带的马来熊体型差异就很大，因为个头较大相对来说不利于散热，容易在冰天雪地当中活下来。人类也呈现类似的体型分布，俄罗斯和北欧都是出大汉的地方，而东南亚人就明显矮小很多。

有人一定会问：你说的有问题呀，俄罗斯人和东北人都是生活在冰天雪地中的，那为什么性格那么彪悍呢？温度低确实有利于世界和平，可是别忘了他们爱喝酒呀！喝酒会让人产生短暂的身体发热感，可是不久之后就会让人变得更冷。同时酒精也会明显降低人的自控力和判断力，让人变得更冲动，

第二章
多彩情绪篇：喜怒哀乐的奥秘

阿德勒

哪怕这人平时是不敢与人起冲突的老好人。除了酒精外，辣椒、巧克力、茶水、酸奶等食物，都会影响人类的情绪。

环境中的湿度也是影响情绪的关键点。有研究表明，较高的湿度，会影响注意力的集中并诱发睡意。当温度湿度都很高的时候，人的反应灵活度也会随之下降。光照长短对人的影响也很大，北欧某些国家在冬天进入"极夜"之后，会几个月看不到太阳，这时国民得抑郁症的概率也大大增加。当地政府为了减少抑郁症发生，会在路边设立很多模仿阳光的灯牌。

不过，我们总能看到很多不论什么天气都能保持情绪稳定的人。其实，能否真正保持稳定的情绪，是和本人性格有关的，某人情绪不稳定，天气只是诱发因素。如果本来就是情绪稳定的人，那么天气对他的影响也会小很多。

第二章
多彩情绪篇：喜怒哀乐的奥秘

红海行动——战争片为什么让人热血沸腾？

如果说哪种电影会和"大场面"挂钩，那一定少不了各种战争题材的电影，无论是早期的《地道战》《上甘岭》，还是后来的《红海行动》《金刚川》等，这些风格相近的片子，总是能引发观众的共鸣，这是为什么呢？战争片几乎总是能收获高票房，除了场面宏大、战友情感人外，还有其他一些原因，能牢牢吸引住观众们的眼球。

喜爱相关刺激的人体化工厂

《红海行动》这样的战争片，一定少不了爆炸镜头、肌肉发达的英雄和刺激火爆的动作戏。观众一看这些镜头就感到"嗨"，难道是从心中都有暴力狂的一面？其实这要归咎于人体内的化工厂——内分泌腺。

人们在激动时往往会感到"一股热气直冲脑门"，看到电影中的激烈镜头时也会如此。实际上,这股"热气"不仅是你的情绪感受,也是你的生理感受,它的来源就是肾上腺素。肾上腺素总是在比较危急的关头发挥作用,会让人呼吸急促、心跳和血流加快、瞳孔扩大、反应迅速,总之就是一个目的——让你活下来,所以它还有个不雅的别称叫"狗急跳墙"激素。即使是濒死的人,注射肾上腺素也能续命几秒。在电影院观影的朋友们,各个感官也会受到刺激,仿佛自己也经历了一场酣畅淋漓的战斗,这种快感当然会换来对电影的五星好评。即便没有什么紧急事件,肾上腺素也是必须的。切去肾上腺皮质的动物或患严重肾上腺皮质功能障碍性疾病的患者均会出现食欲不振、呕吐、腹泻、迅速消瘦、无力、低代谢率、低体温、低血压、血液变浓、肾功能衰竭等症状,如不加治疗,可危及生命。肾上腺的活动之所以会和感受紧密相连,是由于它主要受脑中的下丘脑和垂体调节。下丘脑分泌的促肾上腺皮质激素释放激素,给垂体下命令,垂体接下来分泌促肾上腺皮质激素,给肾上腺下命令,肾上腺就会分泌皮质激素来影响机体了。

"大"就是"好"

此外,大部队的镜头,也能带来"认知快感"。在战争

第二章
多彩情绪篇：喜怒哀乐的奥秘

片中，我们经常可以看到士兵列阵的镜头，看到整齐划一的步伐，听到有节奏的脚步声，我们仿佛被催眠一般会觉得"这样好厉害"！甚至有调查显示，在某次国庆大阅兵直播时，观众的激动水平是春晚也难以达到的。为什么我们会有这种感觉呢？

原来，人类的认知有一个特点，就是会把位置接近的相同个体看成一个整体，比如四个圆点排列成一个方形，虽然实际上并没有一个正方形存在，但是我们也会在脑中自行脑补一个正方形出现。所以，当一些相同的人或车排列成固定的形状时，人在脑中也会把它们处理为一个巨大的物体在慢慢靠近。

这一认知特点有什么作用呢？这其实是进化的结果，同步效应让人认为"排列为整齐阵型"的个体有协调一致运动的能力，对敌人非常有威胁感和压迫感。所以人平时看到少数杂乱飞行的虫子时只会想拍死它们，如果看到一大群飞虫都向自己笔直飞来（同一群体中虫子的飞行速度差不多，所以能大致排成一个固定阵型），你大脑中进化出来的"保命机制"就会让你瞬间开溜。不光是虫子，鸟群、鱼群、鼠群等小动物组成的阵列也会造成类似效果。

对于士兵来说，队列整齐也很重要，研究发现，士兵列队前进除了可以震慑敌人外，还能让自己士气大增——与三五成群随意走着的男性相比，行走时步调一致的男性会认为他们潜在的敌人没有那么可怕。研究论文作者之一、进化人类学家丹尼尔·费斯勒（Daniel Fessler）说："这种现象背后的原因可能是，齐步前进的男性看上去更有攻击性。当出现利益争端或挑衅时，如果你认为对方比我方弱，你就更有可能主动发起进攻。"

阅兵最早的作用是向敌国展示军事实力，因为排列成整齐的阵型，配上整齐的口号，会让敌国觉得非常有压迫感。早在春秋时期，吴国国君就发现了这一点，他把自己的军队划分为红黑白三大方阵，分别装备着纯色的盔甲、马匹，甚至弓上都粘满相应颜色的羽毛。使用这三大方阵进行阅兵表演，果然达到了震慑敌国的效果。红色方阵如同火焰，白色方阵如同荼蘼花（黑色方阵？不好意思，被观众们忽略了，其中的心理学原因以后再述），"如火如荼"这个成语就这样诞生了。

本来用于震慑敌人的阅兵活动，还会让本国人民觉得自己国家的军队非常厉害，自己的安全可以得到充分的保护，民族自豪感和国家使命感在这一刻如同思想钢印。所以虽然排兵布阵很多时候在新式战争中已经失去了应用价值，可是大家仍对它乐此不疲。

第二章
多彩情绪篇：喜怒哀乐的奥秘

除了战争场面外，不论是宗教仪式，还是在足球场看台上玩"人浪"，行为同步都好处多多。这点对其他动物也适用——例如有研究表明，不同族群的海豚在发生矛盾时，能够同时跳跃翻转的一组通常会获胜，而同步率低的那组自然就输掉了。

另外，不管你是不是强迫症，整齐的东西都会让你的大脑觉得愉快，因为它们具有较高的加工流畅性。加工流畅性是指信息加工的难易程度，一种刺激的加工流畅性越高，意味着大脑处理起来就越容易。在视觉加工中，对称、高对比度、边缘圆滑都属于高流畅性的特征。整齐划一的事物，无论是紧密排列的物体，还是阅兵的脚步，都有一些视觉模式特征有规律地反复出现，这样的刺激对于大脑来说也是比较容易处理的。

在审美心理学领域有大量研究表明，加工流畅性会带来愉悦的主观体验。例如，给被试者呈现一系列视觉图案，人们通常会报告说更喜欢那些加工流畅性较高的图案。

那么，为什么流畅的加工会让人感到愉悦呢？有一种观点认为这是进化而来的本能反应。加工过程顺畅，意味着个体处在熟悉的环境中，一切尽在掌控；相反，加工过程不顺畅，则意味着环境中存在不熟悉或不确定的因素，个体可能面临着危险。

另一种观点认为，流畅性是个体对加工信息难易程度的一种主观体验，它分为知觉流畅性、概念流畅性、提取流畅性等。其中知觉流畅性涉及个体对刺激较低水平的加工，反映了个体对知觉外部信息难易程度的主观感受——它本身并不是一种认知操作，只是一种对于认知操作的感受。比如，看到杂乱无章的房间，人们就会觉得头很大，而看到收拾得井井有条的家，可能就舒服多了。同样，由于整齐划一的事物，比如阅兵时的正步，大脑加工起来更容易，流畅性更高，所以主观体验就会好得多。

简单来说，人类的大脑一直都很累，忙着加工外界的各种信息。如果看到的是整齐划一的画面，大脑加工起来就会特别轻松，从而让人感到舒服。

团体意识被满足

战争激发的团体意识，也是观众们买账的原因。很多学者都认为，战争是促进团体内部团结的重大动力。斯坦福大学的学者罗斯·麦克德莫特曾经做过一个实验，如果有竞争对手存在，男生会比女生更愿意为团体捐钱。如果仅仅被告知这是为了测试个人的协作精神，他们捐的钱会比女生捐的还要

第二章
多彩情绪篇：喜怒哀乐的奥秘

少。所以，在团体面临竞争的时候，男性的合作精神会大大增强。而女性在团体意识方面确实略弱，但她们的攻击行为也相对较弱，大多停留在口头上，且还会维护一些表面上的和谐。

团体意识为什么这么重要？心理学家解释，人加入某个群体为的是得到必要的信任和安全。按照马斯洛的需要层次理论金字塔模型，这是人最低级的需要——生理和安全需要，只有满足了这些需要，才能继续满足社会（情感）需要、尊重需要和自我实现。

1943年，马斯洛出版了《人类动机理论》，并在这本书中提出了"需要层次理论"。他认为，人要生存，就肯定有内部需要，如果需要没满足，就会产生动机，影响行为；如果满足了，这个需要就不能作为激励工具。比如有个人吃饱了，你再拿美食诱惑他，就不好用了。人的需要按照一定顺序逐级上升，就像盖房子一样，先满足低层的，再满足高层的。最底层的是生理需要，就是吃喝拉撒睡、呼吸、内分泌、性这些，在所有需要中生理需要最重要，也最有力量，这点和弗洛伊德的观点基本一致。第二层叫安全需要，就是对安全感、秩序、稳定环境的需要，如果没有满足就会出现焦虑和恐惧。吃喝和性比保命还重要，不信你看，所有生物都会冒着生命危险从窝里跑出去找食物和伴侣。之后还有归属和爱的需要、尊重的需要。这几层需要直接关系到生存，必不可少，所以又叫缺失性需要。为什么不叫"不可缺失性需要"呢？马斯洛说，当你感到有这些需要的时候，主观上就会体验到缺失感。所以想要心理健康，这些一定要满足，低层需要不满足的话，高层也满足不了。马斯洛认为人类的需要不仅是本能，因为吃喝拉撒背后都有心理因素，人不能像动物一样随便，所以他称之为"类本能"。接下来还有一个高级的需要，又叫生长性需要，这就和动物本能不沾边了，而是指人需要良好的社会大环境。它就是最高级的自我实现需要，没几个人能满足。马斯洛相信人有超越动物的潜能，本能中有实现自我价值的愿望，想要治好心理问题，就要补完这些需要。顺便说一下，马斯洛是公认颜值较低的心理学家，但是他非常乐观，提出了很多积极的理论。而长得帅的心理学家很多都比较消极。

"弱势"反派更加可怕

《红海行动》还有一个有意思的点：本片中，最强的反派竟然是个未成年人，给人留下深刻的印象。另一部经典战争片《全金属外壳》中，终极反派也是一个小女孩。其实很多片子中都会用女性、未成年人、失去自理能力的老人作为反

第二章
多彩情绪篇：喜怒哀乐的奥秘

派，为什么这类反派更受到编剧们或者说观众们的青睐呢？

在人类历史中，老弱妇孺都是最容易在暴力事件中成为受害者的，如果把这类形象放在战争或恐怖的场景中，更容易激发人类对于暴力场景的联想。简单来说，就是这些角色自带的"怨气"更重，如果突然来个惊天大逆转，原来这些老弱妇孺是隐藏的大杀器，那就更容易给人造成冲击，也就给人留下了更深的印象。另外，比起那些的凶神恶煞浑身肌肉的大恶人，那些弱势群体在生活中更常见，想想看，你楼下打瞌睡的老太太有可能是个绝世高手，是不是细思极恐呢？

神经科学家巴甫洛夫（Ivan Petrovich Pavlov, 1849—1936）发现，当新异刺激出现时，有机体会将感官朝向刺激物，试

巴甫洛夫

图探明它是什么，这种反应这就是"非条件定向反射"，也是"注意"这种行为的原理，更是生物进化出的一个重要的"保命技能"。非条件反射在日后的学习中受到有意识地塑造，慢慢就会形成后天训练出的"条件反射"，如听到上课铃就会坐好，听到发令枪就会开跑。而要形成与之前的认知关系不大甚至相反的条件反射，就要破坏原来的条件反射，因此在塑造新反射的过程中就会形成更深的印象。

第二章
多彩情绪篇：喜怒哀乐的奥秘

满城尽带黄金甲——嫉妒竟然是祖宗传下来的?

电影《满城尽带黄金甲》，讲了一个家族中多角恋的故事，其中充满了浓浓的嫉妒气息。嫉妒仿佛是所有宫廷题材影视的必备元素，不信你看观众们，追完《甄嬛传》，又追《芈月传》，一次次把宫斗剧推上了流量高峰。一个"妒"字，既是宫斗展开的原因，又是剧情发展的推手。为了防止再出现这种情况，现在世界上大部分国家都从法律角度明文规定一夫一妻制。我们通常认为，嫉妒是一种不好的情绪，既然嫉妒这么不利于社会和谐，那么人为什么还会保持嫉妒呢？

嫉妒是人类与生俱来的一种情绪，是人在与他人比较后，基于不公平感产生的一种怨恨情绪。嫉妒者希望占有他人享有的利益，甚至有可能不择手段地发泄自己内心的怨恨。莎士比亚说，嫉妒是一个恶魔，大侦探波罗也说过嫉妒会让人做任何不理智的事情。一旦被嫉妒缠身，你和被嫉妒者的人际关系就会大打折扣，你或许会暗中调查对方寻找破绽，甚至养成爱算计人的扭曲性格，如果大家还不理解，可以多看一些宫廷题材的电视剧。

嫉妒的猴和狗

既然嫉妒让自己和他人都这么不舒服，那这种情绪遗传下去的意义何在？这就又要推到我们的老祖先身上了。美国埃默里大学的研究人员曾经做过一个实验，他们训练一群卷尾猴用代币来换取食物。这些猴子两只一组，分别养在两个相邻的且互相可以看到的笼子里，当工作人员用一片黄瓜换取甲猴手里的代币时，甲猴很顺利地用代币和他换了。可是当甲猴看到工作人员拿着葡萄和乙猴换代币后，甲猴表现出明显的负面情绪，它会暴跳如雷，甚至会摔了手里的黄瓜。很多甲猴会觉得，人和猴之间的信任不能再继续了，拒绝再和工作人员交换代币，只有六成甲猴会继续和工作人员交换。

美国的心理学家还发现，狗也有嫉妒心。当主人和另一只假狗互动时，即便它们知道那是假狗，也会表现出更强的攻击性，对假狗进行撕咬，还会更频繁地寻求关注，打断主人与假狗的互动，许多养狗的人对此都见怪不怪。由此可见，追求公平感，是一种本能的行为，是人和动物的共同天性。

第二章
多彩情绪篇：喜怒哀乐的奥秘

实验中，猴子和狗的嫉妒类型是不一样的。猴子是嫉妒对方收益比自己高，而狗是嫉妒别人比自己受欢迎。这两种嫉妒在人类当中都很常见。当他人比自己收获多时，人心中会产生不平衡感，之后就会希望能和别人有相同的收获，哪怕是陌生人之间，也要平分意外之财或者共担损害，并希望有一种规则，可以强制如此，这样自己才觉得安心。但是这种心理只有收获更少的人才会有，如果自己本来就是收获较多的一方，就不会这么想了。这种嫉妒很难避免，因为如果你的付出和对方相同，但是收获不同，心中产生不平衡感是正常的。

如果你付出许多，但是收获并不如别人，不妨先关注一下自己，看看自己的劳动和成果是否相当，然后给自己输入一个积极的心理暗示：只要自己的收获对得起自己的付出，那就是一件值得欣慰的事情。然后可以总结一下你和别人收获不同的原因，避免下次遇到类似的事情。可以从以下几个角度入手：对方的运气是不是影响最终的收获？对方的基础是不是更好一些？对方有没有在看不见的地方更加努力？对方是否在天赋或者技巧上更熟练？如果能从对方身上学习一些优点，下一次你就更容易有大收获了。

而狗的那种嫉妒别人受欢迎的样子，也常常出现在人类群体关系里。我们生活在集体中，内心深处有对于稳定关系的渴望。当出现了更受欢迎的人时，人们觉得自己得到的关注降低，就会产生焦虑、抑郁、恐惧等负面情绪。尤其是与自己关系密切的人也转而去关注他人时，人们就更容易感觉到自己原本在意的关系受到了威胁。在感情生活中，男女之间对于其他"第三者"的嫉妒也是不言而喻的。值得注意的是，有时在友谊中，也会有"第三者"存在。一旦自己的好朋友又有了新朋友，许多人并不能和好友一起接纳这个新朋友，而是会觉得这个新朋友很碍事。如果好友对新朋友的关心比对自己更多，人们就会产生失落和被排挤的感觉。

一个人如果嫉妒他人更受大众欢迎，说明他内心很有可能比较缺爱。看到他人受欢迎，他想到小时候，父母更偏爱其他兄弟姐妹，而不重视自己。如果你嫉妒身边更受欢迎的人，首先可以告诉自己：大家都是平等相处的，没必要陷入一种"争宠"的状态，这样实际上是一种把自己当孩子，把周围人当父母的心理。因此，我们要经常自我提醒：作为一个有主见的人，我们完全可以分配自己的感情，由自己决定关注谁更多，而不是单方面想让别人关注自己。

第二章
多彩情绪篇：喜怒哀乐的奥秘

竞赛中的"积极嫉妒"

嫉妒也有积极的一面，常常体现在各种竞赛之中。对达到他人水平的渴望，成为你努力提升自己的动力。而且通常我们只会嫉妒身边的人和与自己类似的人，比如普通人并不会嫉妒歌星唱歌好，但是会嫉妒邻居比自己漂亮。嫉妒说明你其实和对方的地位只差一点点，只要努力一下，是有可能超越对方的。

人类社会的进步，从奴隶社会晋级到民主社会，也是人类不断追求公平的结果。有些人嫉妒其他人比自己更有能力，说明他内心深处有自卑感。这种自卑感本来可以增加"冲劲儿"，用来催人奋进，可不要把这股冲劲儿用在谴责自己和攻击他人上面。

公平永远是相对的，所以嫉妒心理很难消除。人和人的能力及享有的资源天生就有差距，有些人会以此找到"不努力"的借口。他们嫉妒他人的出身，本质上是对自己的否定甚至厌恶。因为自己实在改变不了自己的出身，也改变不了他人的出身与能力，所以只能不停地怨天尤人，来发泄自己心中的不愉快。同时，这种抱怨也可能会吸引来一些人的同情，让嫉妒者尝到甜头，进而把这种嫉妒保持下去。嫉妒本来可能会促使你迎头赶上，但有时候也会让你丧失积极性，甚至让你自己骗自己"他那种出身实际上也没什么好的",这样更是把自己进步的道路堵死了。更有甚者,因此形成了"仇富"心态:认为家境好的人,一定素质比较低。由此来获得平衡感,也为自己的不上进,找到一个合理的借口。

即便是竞赛中的嫉妒,如果过于强烈,坏处依然不容小视。嫉妒虽然和羡慕相似,但是也有明显的不同。羡慕者虽然期望自己能达到别人的状态,但是心里由衷地祝福对方。可是嫉妒者却希望剥夺对方的幸福状态归为己有,甚至盼着别人不能再得到这种状态。因此,嫉妒包含自卑感,也隐藏了深深的破坏欲。自卑的忧虑可能会引起焦虑症或者抑郁症,长期如此,会引发很多躯体上的疾病,而破坏欲如果没有及时疏导,久而久之便容易使人攻击性增强,甚至走上犯罪的道路。还有研究发现,嫉妒心强的人,容易出现各种身体问题,如内分泌紊乱、高血压、消化不良、关节痛、失眠等。一项追踪25年的调查发现,长期嫉妒别人的人,犯心脏病的概率是不爱嫉妒者的三倍多。

那么,该怎样处理自己的嫉妒情绪呢?

很多朋友自尊心非常强,如同狮子一般争强好胜,不允许别人比自己强,比自己受欢迎,看到比自己强的人,就如同周瑜见了诸葛亮,心里总不是滋味。想摆脱这种不健康的心理，首先要培养自己的气量，不做心胸狭窄的人。即使不从道德角度，从健康角度也应该少嫉妒。要强是好事，但是要通过合理的手段竞争，坚持友谊第一、比赛第二，从对方那里汲取积极的经验教训，才能真正地进步。

其次，也要树立自己的自信心。在现实中，很难有人各个方面都比你强，而你却没有任何一个方面比他强。所以要树立自信心，发现自己的优点，不要过于在意外界的评价，这样才更有利于自己真正变得强大。

最后，转移自己的注意力。嫉妒是比较的结果，没有比较就没有嫉妒。很多嫉妒的内容难以改变，例如能力强的人通常不会突然变弱。因此这时候我们不妨转移注意力，因为除了比较，我们还有很多事情可以做，比如辛勤工作、努力学习、处理与家人的关系等，这些都比单纯的比较更能让人提高自己。只有多注意自己脚下的路，才能走得更好，避免错过身边的幸福，让嫉妒这个恶魔无处躲藏。

蜘蛛侠——人为什么能爆发出"洪荒之力"？

在电影《蜘蛛侠》中，蜘蛛侠曾经为了救助百姓，潜力爆发，以一己之力拦住飞驰的火车，几年之后，我们才有一个更好的词形容这种状态——洪荒之力。这个词出自电视剧《花千骨》，指的是一种足以毁灭世界的人体潜力。但这个词真正火起来，还是由于奥运会的一次采访。

激素的奇迹

在2016年里约奥运会女子100米仰泳预赛结束后的运动员采访中，游泳运动员、表情包代言人傅园慧，让一个本来快要被大众忘记的词重新登上热搜榜，那就是"洪荒之力"，这个出自饱受争议的电视剧《花千骨》中的词，本来是指女主角花千骨体内存在的巨大潜能（只有关键时刻才能爆发出来），后来流行于网络，经常指内心难以克制的冲动。而这

第二章
多彩情绪篇：喜怒哀乐的奥秘

个词更是让外国媒体听得一脸迷惑，这让理性有余想象不足的他们怎么理解呢？于是老牌媒体、英国BBC通过查字典等方式，将"洪荒之力"翻译成"prehistorical power"（史前的力量），看上去好像还有些道理。而英国卫报则将其翻译为"mystical power"（神秘的力量），这恐怕要让某些笃信巫术的英国人恐慌了。而中华儿女再次表现出了奇志，发明了一个词"chinaidejin"，难道这是以China为词根发明的词吗？不，这实际上是拼音"吃奶的劲"。

影视剧中，蜘蛛侠或花千骨爆发洪荒之力当然不乏想象成分，那么，为什么现实中的傅园慧也可以爆发出洪荒之力而超常发挥呢？本着唯物主义的原则，她体内当然没有积存什么神秘力量，这都是肾上腺素的功劳！肾上腺素，又称副肾碱、副肾素，是人体的肾上腺髓质分泌的一种激素。当人体遇到某些刺激的时候，如兴奋、恐惧、紧张等，就可以分泌出这种化学物质，让人的心跳与呼吸加速，血流量加大，瞳孔张大，血糖量升高，减少消化道痉挛，从而增强自己的反应速度和力量。电影《死侍》中的女变种人沙尘天使，就能分泌出大量的肾上腺素，来让自己战斗力"爆表"，当然电影中对于肾上腺素的效果有些夸大。

由于肾上腺素有这种功能，所以在拯救心脏骤停和过敏性休克的病人时，这种物质非常有用。但是由于这种物质容易在碱性环境中被破坏，所以碰到碱性的小肠液、胆汁等，这灵丹妙药就无效了，所以它不可口服，只能注射。是不是听上去有些熟悉？没错，最常见的强心针主要成分就是肾上腺素或者去甲肾上腺素。一般情况下，皮下注射肾上腺素三五分钟后就能维持效果一个小时，如果是肌肉注射，那么就只能维持10~30分钟。

当然，这种物质仅仅是让人能够超水平发挥，并不意味你能真正变得强壮，所以老弱病残（尤其是心脑血管疾病患者）和孕妇就不要考虑去注射它了。即使是正常人，也不要轻易注射肾上腺素，爆发一时爽，却要小心机体的承受力。而且肾上腺素能和多种药物发生作用，给人体造成不同的损害，所以如果你想让自己爆发出洪荒之力，还是平时多锻炼一下吧！

男女搭配干活不累

在《灌篮高手》之类的体育片中，我们经常能看到这样的场景：一群男生在激烈抢球，场边有很多拿着绒球挥舞的啦啦队女生。由于队友受伤，男主角小强同学作为无人可替补的主力选手已经连打了三场，此时他满头大汗一滴滴往下掉，

第二章
多彩情绪篇：喜怒哀乐的奥秘

双手支撑膝盖，嘀咕：不行了，这次真的坚持不下去了……远处，班花小翠奋力挥舞手中的绒球大喊：加油，小强，你是打不死的！于是背景音乐一变，小强马上双手握拳，变得严肃，内心OS响起：女神在看着我……我可是要成为"球场王"的男人，我怎么能倒在这里！然后突然一跃而起，伸手抢球，一个华丽的转身，身体腾空，大喝一声：天马流星球！顺利投了一个三分球。这也是"洪荒之力"的一种表现。

为什么小强本来已经筋疲力尽，可是一听到小翠为他加油，竟然又能"满血复活"，简直就像被雅典娜施加了复活魔法一样？其实这并不奇怪，只是青春期"异性效应"的典型表现。"异性效应"也叫"磁铁效应"，即"同性相斥，异性相吸"，指的是在个体交往中，异性之间会产生一种特殊的相互吸引力，并能让人从中体验到难以言说的感情，对人的活动和学习通常起积极的影响。这种效应在青少年身上最为明显。其表现是有两性共同参加的活动，较之只有同性参加的活动，参与者一般会感到更愉快，发挥得也更出色。

少年进入青春期，有了与异性交往的心理需求，开始逐渐对异性产生关注，也希望异性对自己产生关注和好感，所以有异性在旁边，尤其是有漂亮的异性在旁边的时候，他们就会变得非常积极，肾上腺素也容易飙升，使他们能发挥出远超平时的实力。这并不一定是和某人坠入了爱河的表现，只是一种再正常不过的心理现象。

　　同时，青春期之后，人类的身体开始成熟，可以分泌出一种有特殊味道的外激素，也就是费洛蒙，并能通过空气传播给异性。异性虽然闻不出这种东西，但是从鼻腔把这些费洛蒙分子吸入后，异性的身体会产生某些化学反应，循环系统、呼吸系统、内分泌系统都会得到刺激，血流、呼吸都会加速，整个身体的"功率"也大大增强。费洛蒙在汗液、唾液等体液中都存在，也很容易挥发。正是这些激素对人体的作用，导致"男女搭配，干活不累"。当然，异性效应在青春期最明显，此时许多当事人还没有发展出可以应对感情的心智，会表现出欲拒还迎的行为。

第三章

情感爱情篇：恋爱脑也讲科学

♥

爱情似乎是世界上最不讲道理的一种情感，也是心理学家们公认的"人类最复杂情感"，常被世人用"剪不断、理还乱"来形容。鉴于爱情过于"无章法可言"，直到20世纪下半叶，心理学家们才敢去碰这个让人又爱又恨、无比强大又无比脆弱的课题。然后您猜怎么着？还真研究出点儿门道来。

人生最重要的就是工作和爱,为了工作和爱要节制自己的欲望,以免伤了人生最重要的事和人。

——弗洛伊德

第三章
情感爱情篇：恋爱脑也讲科学

怦然心动——什么样的爱情最美好？

罗伯·莱纳执导的电影《怦然心动》向我们展现了令人羡慕的爱情，但是现实中，这样真挚、纯粹的感情似乎可遇不可求。我们看娱乐新闻的时候，经常看到有些明星夫妻，平时好好的，突然就婚变。显然，他们的爱情并不完美。

美好爱情的三大要素

耶鲁大学的心理学教授罗伯特·斯滕伯格（Robert J. Sternberg, 1949—），提出过一个很著名的理论：爱情三元论。在他的理论中，爱情分为亲密、激情和承诺三部分。其中，亲密是两个人之间的一种陪伴式的体验，即带有温暖的体验。亲密的双方，包含着尊重、相互理解、分享、支持等复杂的体验成分。而激情，则是一种兴奋的体验，性就是激情的主要形式。在爱情关系中，性是最重要的因素。正如电影《非诚勿扰》中"葛大爷"说:"没有那个就只能叫交情,不能叫爱情。"除了性之外,其他一些天雷勾动地火的强烈感情,也算是激情。

爱情还有第三个要素,就是承诺,它由两方面组成:短期的和长期的。短期方面就是要做出"爱不爱一个人"的决定。长期方面则是做出维护这一爱情关系的承诺,包括对爱情的忠诚、责任心,也就是结婚誓词里说到的"我愿意",这是一种患难与共、至死不渝的承诺。

斯滕伯格提出的爱情三要素,缺哪一个都不是完美的爱情,更别说缺两个了。如果爱情中只有亲密,那就叫"喜欢式的爱",严格来说,这类似于一种两小无猜的感情,还不能算是真正的爱;如果只有激情,那就叫"迷恋式的爱",比如西门庆刚刚碰到潘金莲时的状态;如果只有承诺,那只能叫"空洞式爱情",两个人口头答应了对方,但实际上从身体到心灵都不喜欢对方。

如果三元素只缺乏一种呢?如果爱情缺乏了亲密的陪伴,那就是生理冲动加上空头支票,叫作"愚蠢式爱情"。接下来的两种模式看上去或许好一些:只是没有承诺,就被称为"浪漫式爱情",很多年轻情侣不求天长地久,只求曾经拥有,就属于这类;而没有激情,就被称为"伴侣式"的爱情,很多老夫老妻就是这样。

完美的爱情中这三个要素缺一不可,伴侣双方一定是白天有亲密的陪伴,晚上有激情,同时还有一生的承诺。

爱情的故事类型

后来,斯滕伯格又在三元素理论基础上,提出了"爱情故事理论",阐述了26种故事类型。由于这个理论在中国并不被人熟知,为了方便大家理解,我都用著名的文学角色或影视作品举了例子。这26种爱情故事如下:

成瘾(Addiction)。当事人在婴儿期就难以接受母亲的远离,心理学上称为"焦虑型依恋",当事人拥有执着的行为表现,一想到失去伴侣就会感到焦虑。这类人实际上并不是以平等的心态去爱对方,而是为了单方面满足自己的需求,不断向对方索取,希望对方听从自己。(《巴黎圣母院》中的红衣主教、《我想和你好好的》)

艺术品(Art)。当事人因伴侣的外表坠入爱河:"伴侣看起来总是状态良好"是很重要的。在生活中,我们会称这种人为"颜控"。(《鹿鼎记》中的韦小宝)这种人在恋爱时往往不太走心，只关注外表。但伴侣的外表有时会发生变化，如因化妆、饮食等而降低外表吸引力，此时这类人的感情也会变化。

商业（Business）。这类人的爱情关系如同商业提案：金钱是最大动力。处于亲密关系中的伴侣如同商业伙伴。（《纸牌屋》）《纸牌屋》中的弗兰克与克莱尔夫妇，各自都有出轨对象，但是他们都清楚地知道，出轨是暂时的，共同的利益将他们紧紧捆绑在一起。也正是二人这种"利字当先"的特征，让二人可以"惺惺相惜"。

收藏（Collection）。若另一个人符合当事人的收藏"图式"，也就是符合其收藏的标准，就可以成为其伴侣。在他们的眼里，伴侣只被看作是种收藏品。在生活中，我们会称这种人为"集邮者"。（段正淳、《巴黎圣母院》菲比斯）他们在恋爱时会非常关注对方，但其实不会真和对方交心，一旦热情过了之后，就将恋人抛至脑后。

食谱（Cookbook）。当这类人以特定方式（秘方）行动，爱情关系更容易稳固；离开了"秘方"失败的可能性就会增加。（《解忧杂货铺》）这些人可能看上去比较机械化，恨不得照着书本上的条条框框去恋爱。

幻想（Fantasy）。这类人总是期待着被一个穿着金色盔

第三章
情感爱情篇：恋爱脑也讲科学

甲的骑士所搭救，或者娶了一个公主，从此以后过着幸福的生活。（《大话西游》紫霞仙子、《巴黎圣母院》艾丝美拉达）如果在童话故事中，他们会得到幸福，但在现实中，他们要么一直做梦不醒来，要么一次次梦碎。

游戏（Game）。这类人的爱情像是一种游戏或运动、比赛，输赢的不确定性，才是游戏的好玩之处。（《史密斯夫妇》《小妇人》）他们的爱情中夹杂了斗争的成分，有一股相爱相杀的味道。

园艺（Gardening）。这类人的爱情需要持久不断地浇灌与培育。（《美女与野兽》《人生果实》）此类人的内心非常朴实，通常也会得到不错的感情结果，如果没有外界打扰，他们的爱情也会比较平淡与顺利。

政府（Government）。有两种子模式：（a）独裁（Autocratic）：支配或者控制另一方（《神雕侠侣》裘千尺和公孙止）；（b）民主（Democratic）：双方平等地享有权力（《家有儿女》）。

历史（History）。将爱情的重要部分持久地记录，记录中保存了大量的精神或物质方面的回忆。（《志明与春娇》《春夏秋冬又一春》《七海游侠柯尔多》）这类人经常回顾感情中的各种过往，也很容易一遍遍重复演出过往的故事。

恐怖（Horror）。"当你恐吓伴侣或伴侣恐吓你时，爱情关系才变得有趣。"（《画皮》《蝙蝠侠归来》）这类爱情关系中的双方往往是不同阵营的，甚至有"猎手和猎物"的关系。有些人很喜欢追求这种刺激。

房子和家（House and Home）。这类爱情关系的核心在于家，关系通过家的发展和维持而表现。（《崖上的波妞》《龙猫》）在电影中，这类人常常以父母的形象出现，对于他们来说，爱情和亲情密不可分，他们的爱情往往恬淡而持久。

幽默（Humor）。这类爱情是奇怪而有趣的。（《鲁邦三世：名为峰不二子的女人》《自杀小队》中的哈莉·奎茵）此类故事的主角往往是搞怪的非主流人士，他们会戏弄自己喜欢的对象，或者双方互相戏弄。

神秘（Mystery）。这类故事的中心思想是："爱情是神秘的，你不应该让对方对自己了解过多。一旦彻底了解就会对自己不感兴趣。"（《美少女战士》夜礼服假面、《蜘蛛侠》《猫眼三姐妹》）这类人在故事中往往拥有完全不同的双重身份，更受欢迎的那个身份往往是戴着面具的。

警察（Police）。这类人密切注意伴侣，确保他们不越雷池，或者处在伴侣的监督下，从而注意自己的所作所为。

第三章
情感爱情篇：恋爱脑也讲科学

(《不要和陌生人说话》)与前述的"独裁"类似，相比于专制政府的单纯打压，它更关注"时刻监视"。

色情（Pornography）。这类人认为爱情是肮脏而低俗的，要爱就要降低身份或被降低身份；同时也认为满足伴侣双方的性需求和兴趣非常重要。(《青蛇》法海)此类人是矛盾的禁欲者，他们内心充满了对欲望的贬低，也无法接受没有色情意味的恋人。

复原（Recovery）。这类人认为爱情是一段修复创伤之旅。(《和莎莫的五百天》《独自等待》《金刚狼》)他们拥有"幸存者心理"，经历了以往的创伤再回头看，一个人实际上能接受所有的事情。这种故事的主人公往往走得很艰难，如果修复完成，感情会越走越远。

宗教信仰（Religion）。这类人把爱情看作宗教信仰，或者由宗教信仰驱使的一整套感觉和行为。(《朗读者》《堂吉诃德》)这类人在感情中，有刻板的仪式、教条，如果对方和自己的宗教观念不一致，他们往往会觉得别扭。

牺牲（Sacrifice）。这类人认为爱就是奉献自己，或一个人把他/她自己奉献给你。(《巴黎圣母院》中的钟楼驼侠、《双城记》《初恋五十次》)这种爱是不计后果的爱，在影视剧中，这种心态也常常被得不到主角青睐的某些"备胎"配角持有。《双城记》里，卡屯为了心爱的露茜小姐，替她的爱人上了刑场。

科学（Science）。这类人认为爱情能被理解、分析和解剖，就像其他自然现象一样。（《万物理论》《超时空接触》）这种故事的主角常常是技术宅，喜欢分析人类的心理，往往在旁观者看来会有喜剧效果，但被分析的另一半不一定喜欢。

科幻小说（Science Fiction）。这类人感觉伴侣就像一个外星人，不可思议，而且很奇怪。（《我的个神啊》《冰菓》）在这类故事中，虽然伴侣并不奇怪，也不像"神秘"故事那样遮遮掩掩，但双方似乎就是永远无法真正互相理解。

裁缝（Sewing）。你想让爱情什么样，它就什么样。（《每天回家都会看见老婆在装死》）这些人主动性比较强，也喜欢给自己的感情添加许多自己喜欢的内容，甚至其他故事的元素也可以缝合进来。我们有时会把这类人称为"戏精"。

戏剧（Theater）。这类人认为爱情是剧本，拥有毫无创意的表演、布景和台词。一切都是提前安排好的，人们只是扮演自己的角色而已。主角好像在不断重复过去，未来也是可以预测的。（《楚门的世界》《失控玩家》）如果放在影视作品

第三章
情感爱情篇：恋爱脑也讲科学

中，主角必须打破固有的剧本结构，故事才会变得有意思。

旅行（Travel）。这类人认为爱情是一场旅行，充满兴奋和挑战。（《泡泡男孩》《大鱼老爸》《寅次郎的故事》）这类故事拍出来基本都是公路片，主角在这一路遇到各种关卡，最终获得了爱情，也获得了成长。

战争（War）。这类人认为爱情是一系列高破坏性且持续的战争。（《玫瑰战争》《乐高蝙蝠侠大电影》）蝙蝠侠和小丑将相爱相杀推到了高峰，他们不是单纯的"你追我逃"，而是造成了波及范围极大的灾难。

学生—老师（Student-Teacher）。他们认为爱情是一种师徒关系。（《花千骨》《杨过与小龙女》）双方或许有年龄和辈份的差距，但是老师有经验阅历，年轻人有阳光的活力，双方不可避免地相互吸引。故事主角可以是男老师和女学生、女老师和男学生，甚至可以是同性的师生。

以上的故事被斯滕伯格分为几大类：不对等故事，包括师生、牺牲、政府、警察、色情、恐怖；客体故事，包括将人视为客体（物化人类）即科幻小说、收藏、艺术，和把关系视为客体即家庭、康复、宗教、游戏；协作故事，包括旅行、缝纫、园艺、商业、成瘾；叙事故事，包括幻想、历史、科学、食谱；类型故事，包括战争、戏剧、幽默、神秘。

斯滕伯格并没有把故事的类型讲完，他自己也说："故事的潜在数量是无限的。"例如，倾向异地恋模式的精神恋爱，我们可以称之为"情书"。以上这些故事类型，并不会限制我们的选择，相反它会让我们在撰写故事的过程中看到更多的选择。

第三章
情感爱情篇：恋爱脑也讲科学

真爱至上——秀恩爱背后的心理机制

在电影《真爱至上》中，首相对于自己心爱的女子，不惜让全国人都知道，让许多人羡慕不已。当然也有很多人说"秀恩爱，分得快"。在秀恩爱的背后，其实有许多心理机制在操控。

当"奇招"成为普遍行为

秀恩爱，说通俗点就是"公共场所亲热"（Public Display of Affection）。像情侣间在公共场合的牵手、拥抱、接吻、甜言蜜语等表达亲密的行为都可以算是秀恩爱。随着社交网络的普及，越来越多的人选择在微博、朋友圈等社交平台上，发布恋爱相关的照片和文字。这种表达爱意的方式，逐渐成为一种潮流。

从进化心理学的角度讲，秀恩爱是对本能的一种满足。进化心理学有一个核心思想：如果某种心理对人类的繁衍和生存有利，这种心理（如嫉妒、同情等），就能够随着人类的进化保留下来。爱情从动物的择偶机制进化而来，比如，猴子相互梳理毛发，就是互相之间感情积累的表现。而人类也有这种本能需求，当有了伴侣，人们会发自内心地感到喜悦，对于目前我们这种一夫一妻的婚姻形式来说，伴侣的地位非常重要，因此人们会忍不住喜形于色。

但是我们中国的传统文化还是要求人低调的，因此秀恩爱还有另一重含义——炫耀，这也是生物本能之一，也能让人们通过"秀恩爱"的行为，使两人的感情联系更加紧密。

作为一种动物，雄性要获取雌性的芳心，必须要让雌性知道它比其他雄性更有能力。我们无法确定最早哪只雄性动物找到了"多炫耀能多吸引雌性"的秘诀，但这逐渐变成了动物界普遍的行为：动物可能会炫耀自己的猎物或者巢穴，人类则会炫耀自己的房产、名车，或者自己拥有的社会关系，同理拥有一个好的伴侣也是另一种意义上的魅力象征。在如今发达的社交网络上，公开秀恩爱这种行为，也是自我形象建构的一部分。"秀恩爱"可以证明自己是有人爱的、受欢迎的、对异性有吸引力的。因此，男人会展示自己送出的礼物，女士会展示自己收到的礼物。

第三章
情感爱情篇：恋爱脑也讲科学

社交中的相反原理

那么，既然秀恩爱好处这么多，也是人类的本能之一，为什么有的人却不愿意秀恩爱呢？难道是另一半长得不好看？或是另一半长得太好看？这时候就要用到社交理论了！关于社交网络的使用动机，有两种截然相反的理论：社交增强（social enhancement）和社交补偿（social compensation）。前者即"强者更强"，也就是线下本就很受欢迎的个体，会运用社交网络进一步提升他们的受欢迎度，因为自己已经够优秀，所以展示一些恩爱的方面，反而会显得自己更接地气。而后者，也就是原本不怎么受欢迎的个体，会运用社交网络补偿他们的人际交往。一般来说，前者主要是高自尊的、更外向的用户，后者主要是低自尊的用户，本就不受欢迎的人发朋友圈会更小心一些，由于害怕被人评判，所以他们不愿意发一些比较私密的内容，而更愿意去展现自己强大的部分。

爱一个人，宣告爱情主权，这是一种本能的表现。但是过度秀恩爱，就是一种没有安全感的表现了。人的内心越是缺少某种东西，越是希望表现出在这件东西上的富足感，秀恩爱也是如此。恋爱中某一方对另一方（或对自己）的感情不够自信，潜意识里就会希望通过"秀恩爱"这种行为宣告自己的占有权，从而使自己从中获得满足感。

秀是给别人看的，尤其是给那些不看好这段感情的人看，所以不断秀恩爱，也是在极力证明这段感情的顺利。而实际上，当人们有这种心态，这段关系极有可能已经出了问题。有时候，你的伴侣有可能不希望获得公众太多的关注，这种心态在比较容易受到关注的人群中，尤为明显。

那么，怎样促进自己的另一半秀恩爱呢？很多时候你觉得你的另一半不喜欢秀恩爱，可能真的只是他不怎么发朋友圈而已。他需要你帮助他养成纪念的习惯。你可以把有意义的事情保存下来，时不时和他回顾一下，让他觉得这是值得让别人知道的事情。

还有一种情况，就是你自己也不愿意秀恩爱，单方面要求对方秀恩爱。人作为一种有逻辑的动物，追求的是平等互惠，所以想让对方秀恩爱，首先自己要秀恩爱。

最后一种情况呢，是对方有着惊奇的脑回路和独特的秀恩爱方式。例如某个男士去日本出差，本来女友期待他带一些化妆品或者小电器回来，最不济带个马桶盖吧，可是谁知道他买了一把未开刃的武士刀回来，还在刀柄刻了女朋友的名字。这种人不是不愿意秀，而是方法不当，他的心是期待和对方更接近的。如果你也有这种对象，需要先肯定他对你的爱，你可以说："收到礼物很开心，可是这把刀我不敢用，如果下次是化妆品或者好吃的，我会更高兴。"然后给他一个吻或者拥抱作为奖励，甚至做一些你们专属的事情，这就会让两个人越来越甜蜜了。

爱就要表达出来，我们每个人都有权利通过秀恩爱的方式，来寻求自己的幸福，但是在某些文化里，人们比较反感这种公共场所亲热的行为，甚至会动用法律来明文禁止。另外，无论是在社交网络上，还是在公共场所，秀恩爱要适度，同时也要保护好自己的隐私。

秀恩爱容易被挖墙脚吗？

秀恩爱除了会让人嫉妒外，还容易引发其他危机。因为在人们择偶的时候，有一种奇妙的婚戒效应（Wedding Ring Effect），简言之，就是结过婚的人更有魅力，因为他已经至少吸引了一个异性，说明他拥有作为配偶的能力和品格。所以就有了这么句话：对象是别人的好。这种效应实际上是人类进行决策时进行的一种模仿，就好像我们买东西的时候，一般会去很多人推荐过的店铺，在择偶的时候也会这样。如果这个人曾经有前任，说明他并不是恋爱小白，至少曾经被异性接纳过，我们将这种现象称为"择偶仿效"（mate copying），这让我们对有配偶的异性更有信心。研究人员在水生动物、陆生动物和鸟类身上，也观察到了择偶仿效的证据。

婚戒效应在女性看男性的时候更加明显，有前任或有配偶的男人，也就是被人"试用"过的男人，在女人眼中会更有魅力。虽然男人择偶的时候不会对女性那么挑剔，但也会更喜欢有经验的女人。值得注意的是，感情经历太丰富，也会给人一种不安全感，这种人只会被别的异性短期选择，而很难进入婚姻。

其实，择偶仿效并没有多么靠谱，心理学家西蒙（Herbert Alexander Simon，1916—2001，中文名：司马贺）认为，人们在决策过程中，并不是以"最大"或"最优"为标准，而只是以"满意"为标准，这叫做"有限理性"。凭借这个观点，他获得了1978年的诺贝尔经济学奖。

在交往中，对于大多数男士来说，由于雄激素的驱动，他们会更敢于先开口。可是还有些女孩子会问：如果我觉得和男生说话太尴尬了，实在是说不出口，要怎么办呢？这时候你可以脸红，但是尽量别在心慌时说话。我们如果心跳加速，就非常容易语无伦次。这时候可以用一个不被人发现的小技巧，就是绷紧你的腹肌，人体的行为也会反过来影响器官，进

第三章
情感爱情篇：恋爱脑也讲科学

司马贺

而产生不同的感受。有时候自己真的表现得不自然，也不妨直接告诉对方：我头一次接触这么优秀（或年轻有为）的××（加上对方的身份标签），稍微有些紧张，请见谅。对方一定会接纳你的这些小紧张的。

壮志凌云——为什么军人往往会成为"国民老公"?

在《壮志凌云》中,男女主人公作为空军飞行员,在部队谈了一场恋爱。而电影的热映也使汤姆·克鲁斯(Tom Cruise)扮演的军人皮特·米切尔,成为"国民老公"。无独有偶,常在影视中扮演兵哥哥的其他男星,也常常迅速成为广大女性仰慕的对象,这些兵哥哥时而可爱时而硬朗,还不乏幽默,各年龄段通吃。许多影评人不禁感慨女人真是善变,说好的国民老公,怎么一直变来变去?真是"蒲苇一时纫,便在旦夕间"啊。

那么,皮特·米切尔等军人形象,为什么这么吸引女观众呢?

原来,这类故事的基调是战地爱情,这种远离一般观众的情境更容易让人产生遐想。例如,电视剧《亮剑》中的李云龙和两任妻子,《激情燃烧的岁月》中石光荣和桔梗、褚

第三章
情感爱情篇：恋爱脑也讲科学

琴、王百灵等。战场这个本应该很紧张的环境，却挡不住男女之间的爱情。这是怎么回事呢？且看下面的心理学实验。

紧张催发出的爱情

1974年，心理学家达顿和艾朗做了一个著名的吊桥实验。实验中，两组男被试分别通过两座桥，一座是摇摇晃晃的吊桥，一座是坚固的石桥。桥的另一边是一位漂亮的女助手，实验结束后女助手会给他们留下自己的电话，表示若希望了解实验结果可以继续联系。结果18位过吊桥的男被试中，有八成和女助手事后通话；而16位过石桥的男被试中，只有2位和女助手联系了。事后的进一步研究发现，那些和女助手通话的男生们以为自己当时产生了类似爱情的感觉，想和女助手进一步发展关系。

男生们误以为自己心动的原因其实很简单，只要理解两个心理学概念即可——情绪因素论和唤醒的错误归因。先解释一下第一个概念。美国心理学家沙赫特认为，情绪=生理唤醒×认知，即情绪的产生必须具备两个要点，生理的高度唤醒（也就是内脏活动产生某些变化，如呼吸急促、心跳加快、反酸恶心、体温升降等）和个人对于发生事件的评价。根据这个

> 你也可以懂的心理学
> 心理师带你解读电影的心理密码

理论可以引出第二个概念：当生理唤醒情况类似时，人类便容易在大脑皮层中分析，做出类似的归因。当一个人爱上了另一个人的时候，他的身体会产生呼吸、心跳、血流等方面的变化。可是这些变化在人害怕的时候也会出现，这时，人的大脑就会产生一个对生理唤醒的错误归因，认为自己产生了爱情的感觉。战场炮火纷飞，人们的神经高度紧张，因此也非常有可能误将这种紧张感和爱情联系起来，这便是著名的吊桥效应。后来，沙赫特和辛格还对情绪产生的理论做出了改进，加上了第三个情绪因素，就是环境影响。有没有感觉非常赞同？为了验证这第三个因素，二人在实验中给被试注射了肾上腺素，让他们产生了心悸、颤抖、脸发烧等反应，然后将他们置于容易愤怒或容易开心的环境中。结果不出所料，两组人都感到了相应的情绪体验，且非常强烈。

所以，韩剧中的女军医一开始并不认为自己会爱上兵哥哥，空军女教官也不是对皮特·米切尔一见钟情。可是男女主人公共同出生入死，环境和生理唤醒都到位了，就好像火柴和纸片，此时只需要一点点暧昧的小火星或小摩擦，就水到渠成了。这也能解释，为什么很多男女明星会因为共同拍戏而喜结良缘。哪怕是演出来的生理唤醒和虚假的环境，对于情绪的产生也同样有效，因为假的信息，也会带来真的感受，我们的大脑在初期只会凭感觉分析收到的信息，至于判断真假，还是等到冷静后再说吧。所以战地相爱的男女在战争结束后，往往会产生各种矛盾，他们可能会发现自己并不是真的爱对方，可惜这时已经生米煮成熟饭，难以自拔了。

另外，在危险环境中，人因为神经和肌肉的紧张，往往会做出平时不敢做的大胆举动，如表白等。反正下一刻有可能牺牲性命，就豁出去了罢！当然前提是，你要有机会和心仪的人见面。

近水楼台先得月

心理学中还有一个曝光效应（the exposure effect或the mere exposure effect），又叫多看效应、简单暴露效应、纯粹接触效应等，它是一种心理现象，指的是我们会偏好自己熟悉的事物。社会心理学家又把这种效应叫作熟悉定律（familiarity principle）。

心理学家罗伯特·扎荣茨（Robert Zajonc，1923—2008）调查发现，人们在观看陌生的毕业生相册时，会对那些出现频率高的面孔好感度更高，也就是说，人们通常会对自己熟悉的事物表现出更多的好感。这也解释了日久生情。所以，如果你想和你的心仪对象表白，就要先混个脸熟，隔三差五地在他面前出现，这样才能为日后的进一步发展埋下伏笔。

从进化角度来说，这也是一种生物适应性。由于生物很难在痛苦的环境或心境中长期生活，所以会对身边的某些事物产生习惯，这样可以保护自己免于沉浸在痛苦中。不喜欢的味道，闻久了会上瘾，不喜欢的人，在一起久了也容易生情。哪怕他之前有很多缺点，你的潜意识为了保护你，也会给他找出很多优点来，让喜欢变得合理。

读到这里，你还在等什么，还不赶紧找借口去和你爱的人碰上一面？

水形物语——水怪为什么那么迷人？

一部另类的片子《水形物语》斩获了2018年的第90届奥斯卡金像奖。颜值不高的男主角鱼人，竟然俘获了无数人的心。为什么鱼人这类水生怪物会获得观众的青睐呢？其实，不光是鱼人，人们对水中的奇怪生物都很有兴趣。

怪物为何在水中

人类对水有着特殊的心理情结。精神分析学派的心理学家认为，对水怪，尤其是人形水怪的迷恋，反映出我们的一种"死亡本能"。胎儿在母体羊水中成长十个月，体验了类似淹水但不会死亡的感觉，虽然当时大脑还没有明确的记忆，但是这种感觉深深刻在潜意识当中。被美人鱼等"水中人"带下水，对人类来说，就仿佛回到了如胎儿一般安宁的"休眠状态"。

因此，大海虽然危险，虽然有可能藏着各种各样的怪物，但是仍然那么迷人。几乎每个靠近江河湖海的民族都有关于水怪的传说，大部分水怪都是神秘或恐怖的，有些水怪虽然外表迷人（比如希腊神话中的海妖塞壬），但仍是以美貌害人的反面角色。

奥劳斯·马格努斯（Olaus Magnus，1490—1557）创作的《海图》（1539）中充满了海怪

图片来源：Sea Monsters, Ivy Press.

第三章
情感爱情篇：恋爱脑也讲科学

"陆地上有的，水里一定（应该）也会有吧……"

另外，从学习心理学的角度说，人对未知事物的见解存在一种"学习迁移"，主要是"重组性迁移"，它是指从现有的知识当中提炼出某些元素，把上次学习中获得的经验用在下次学习中，重新组成新的知识点，并应用于新的环境。有时候这种迁移是帮倒忙的，在研究海洋生物的时候就是如此。

人们会想，陆地上有人类，海里一定也有吧。不过海里的"人"一定有着能适应海洋环境的特征，或许它们有着鱼的鳞片和尾巴。于是，鱼人和美人鱼就诞生了。不仅是鱼人和美人鱼，很多爱开脑洞的古人还认为，许多陆地动物都有对应的水中"怪物"，比如中外都有的海马（可不是水族馆中能看到的那种，而是长着鱼鳍的陆地马）、海猪等传说。海贼王里也有海长颈鹿、海狮子等巨型怪物，它们只是长了鳞片和鱼鳍鱼尾的陆地动物。

这些传说甚至被当作正史记录了下来，传播到多个国家。1558年《北欧民族史》中就有海怪"morse"，16世纪欧洲地图中有海猪"morse"，虽然两者长相不完全相同，但都是长着野猪獠牙和四条腿的怪物，单词拼法也是同源的。马丁·瓦尔德塞米勒（Martin Waldseemüller）1516年写的《地图》中有海中大象"morsus"，这个单词的拼法或许正是海猪的来源。

擅自给海洋生物加上鱼鳍鱼尾的做法也一直出现在早期科研中。比如海象，虽然瑞典自然学家康纳德·盖斯纳（Conrad Gessner）收集了非常详细的资料，但是在其所著《动物史》（1558，第四卷）中，他还是忍不住给海象加上了不存在的鱼鳍和鱼尾。其他动物也一样，加上这些零件就变成了一只新造的海洋怪兽了。

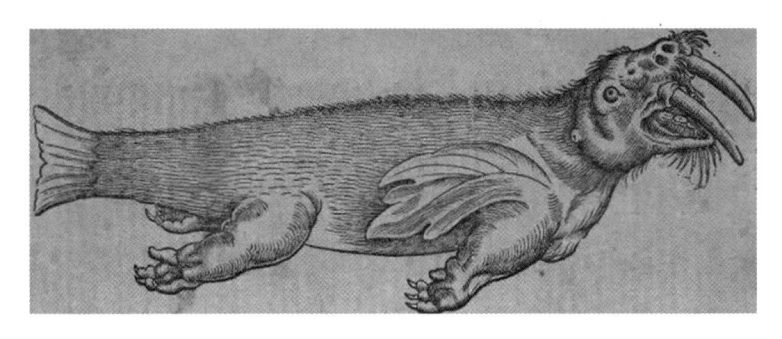

康纳德·盖斯纳手绘的海象图片

图片来源：《动物史》（1558，第四卷）。

早期的欧洲航海图上甚至画满了各种怪物，中国人和日本人也认为，河里有会拉人下水的吃人怪物水猴子（河童），不知道《西游降魔传》中长腿的鱼怪是不是受了这些传说的启发。这一切都源于对未知事物的恐惧和好奇。随着科学的进步，如今几乎所有海面都被探索过，在海图上画海怪这种前人的艺术处理也不复存在了。

不过，各种水怪依然活跃在流行文化中，游戏和漫画中好像更偏爱鱼人角色，甚至有不少正面形象，如《恶魔战士》中的水之英雄、《魔兽世界》和《英雄联盟》中的鱼人。这些鱼人大部分长着鱼类的脑袋，非常不符合人类审美。

当海怪碰到现实

当然，很多海怪并不完全是人们的想象，比如《圣经》当中的海怪利维坦，现在某些科学家认为它的原型是一种鲸，于是有一种掠食性的抹香鲸化石被发现后，就被命名为利维坦鲸。

在太平洋发现的一种身长两米左右的海蜥蜴，也被称作"哥斯拉"，但是哥斯拉的四肢显然更接近兽脚亚目的恐龙，如著名的霸王龙。1958年，日本南极考察船宗谷号的船长和船员，也看到过不明身份的巨型海洋动物，船长松本满次称其为南极哥斯拉，但不同的是，船长认为它并不是爬行动物，而是一只大海兽。2002年，又有人在照片上发现南极可能存在身长二三十米的可以直立行走的类人生物。有传言说这是日本科学家在秘密基地造出来的怪物，但是此推论比较荒唐，至今没有证据支持。

人类之所以会对未知的生物展开想象，而且想象的方向会指向类人生物，是因为人们在内心深处认为：类人生物会让我们有更多熟悉感，即便它有些可怕，这种塑造也是更能接受的。

如果不必考虑现实原型，人们或许更愿意想象一些美人鱼型的海怪，如《恶魔战士》中帅气的"水之英雄"、《海王》等。而美人鱼型的海怪之所以更受欢迎，主要是因为五官与人类很像，容易让人产生亲近感。心理学家罗伯特·范茨（Robert Lowell Fantz，1925—1981）在20世纪50年代的一项研究中发现，小鸡在出壳后不久就会仔细观察周围事物，而且明显更喜欢啄圆型物体；20世纪60年代他又发现，婴儿对于人脸的喜好程度远大于其他图形，即使那时候他们的视力还没有完全发展成熟，尚处于模糊状态。而范茨的这两项研究或许表明，所有拥有较高智力的动物的行为，都有同源的心理机制，这也为进化心理学提供了有利的证据。

第四章

生活心理篇：心理机能的"bug"

♥

在电影中，我们常能看到很多日常生活的影子，有些情节甚至和我们的生活一模一样。本章解析了电影中出现的常见生活现象，以及其背后蕴含着的相关心理学效应，巧妙利用这些效应，可以让你了解人性，更好地处理生活当中的许多困扰。

任何五官健全的人必定知道他不能保存秘密。如果他的嘴唇紧闭，他的指尖会说话；甚至他身上的每个毛孔都会背叛他。

——弗洛伊德

第四章
生活心理篇：心理机能的"bug"

了不起的盖茨比——为什么很多人爱炫富？

电影《了不起的盖茨比》中，毫不掩饰地展现了富豪的奢华生活，让人们羡慕不已。在现实中，也存在不少奢华且高调的富豪。

自从有了贫富差距，富豪们炫富的脚步就从未停止，古有石崇王恺斗富，用蜡烛当柴、麦糖洗锅，各种脑洞大开；如今到了网络时代，前有富二代炫富坑爹，后有玩主引发跨城市土豪混战。面对层出不穷的真假炫富事件，人们不禁要问，为什么有些人这么爱炫富呢？

炫富是进化产生的行为

炫富并非人类才有的陋习，很多动物也会展示自己华丽的羽毛，还有些雄性动物会将自己收集的食物堆积起来，甚至有些鸟类会收集碎玻璃、鲜花、宝石以及各种杂七杂八的小东西来吸引雌性。总之，就是间接展示自己多么有本事，以获得异性的青睐，从而使自己的基因延续的概率变大。美国的多所高校联合得出的研究结果显示，炫耀性消费（conspicuous consumption）是性信号系统（sexual signaling system）的一部分，和强健的体魄、甜言蜜语等一样，都是在向异性传递一种性信号。

但是，并非所有动物都倾向通过炫耀来取得繁衍的机会，进化生物学专家发现，动物炫耀行为的程度，与雌性个体的紧俏程度呈现正相关。也就是说，一夫一妻制、雌雄个体共同哺育后代的动物（比如企鹅、狼等）就比较少出现炫耀性特征，反正雌雄总体数量差不多，人人能婚配，不用太在意那些浮华的东西；而一夫多妻制，或者雄性个体不承担哺育后代责任的动物（如狮子、驯鹿等）往往更具有炫耀性。因此那些爱炫耀的动物，不是拥有收集的癖好，就是长着雄性特有的威风的毛发、獠牙、角等。值得注意的是，有时候两雄相遇，并不一定拼个你死我活，只要比比谁的家伙大，小的那个就可以退出了。比如河马的决斗就常常是比谁的嘴大牙长，血流成河的情况相对较少。

然而，人类的炫耀性消费动机就要复杂得多了。有研究显示，炫耀性消费与追求短期的伴侣关系有关，即使是爱炫耀的男性，在长期的伴侣关系中，也很少表现出炫耀。所以饭店服务员通常可以看到男性给情人花好多钱，可是和妻子一起吃饭的时候并不铺张浪费。而女性对于约会对象的选择，更倾向于炫耀者；对结婚对象的选择，则倾向于非炫耀者。

除了约会等性动机外，人类的炫富还有更多心理动机。比如现在网络上很多炫富的人，不是为了追求什么实际的目标，而是为了炒作。有些人本身作为富二代，并不缺少钱和约会对象，可是为了博取大家的注意，赚取点击率，仍然坚持不懈地炫富；而有些并不富裕的人，则怀着自卑的心态，为了不让自己被其他人鄙视，也编造一些虚假的信息在网络上炫富，以获取心理平衡。总的来说，这些炫富者是内心空虚且不成熟的人，而真正在财富和精神上都十分富足的人，通常在生活中表现得很低调，如比尔·盖茨、巴菲特等人，平时的吃穿都很普通。

炫富不仅仅是一种陋习，还会加剧社会上的仇富心理，激起人民内部的矛盾；而炫富者本身如果没获得足够的关注的话，也会十分失落，从而严重影响自身的情绪。

除了炫富，还能炫自己？

除了炫富，还有一种类似的"炫"，当然就是更流行的

"炫耀自己",也就是把个人自拍发到网上。自拍(selfie)这个词诞生于2002年,但是要在10年之后才真正流行起来。现在,自拍已经变成了居家、旅行的必备流程,不管是在街上、山上、车上,时刻都有人自拍。微博、朋友圈等社交平台上,也无时无刻不充斥着(精心修饰的)自拍图片。在大家的印象中,自拍的大多是女性,根据相关调查,女性自拍的频率至少是男性的两倍。

误区:**女性因为自恋而自拍**

女性为什么爱自拍?看到这个问题,很多人会不假思索地说:因为自恋呗!但心理学家们的研究发现,男性其实比女性更自恋。但男性的自恋往往表现在权力地位的展示上,比如给自己建个纪念堂、大雕像,把自己的名字作为地名等,即使死后也要弄个豪华版超级大陵墓。

在虚荣心方面,男性和女性其实没有什么差别。不过商人们发现女性更容易从众,所以设计了各种首饰、皮包、化妆品等,这才让女性给人留下了虚荣的印象。可是换个角度想想看,很多女性的这些奢侈品也是男性送的,让自己的女人更闪闪发光,不也是男人虚荣的表现吗?

那么,为什么女性自拍的频率是男性的两倍呢?其实,女性不管是否自恋,都爱自拍,而男性中只有自恋的那一部分人

第四章
生活心理篇：心理机能的"bug"

才爱自拍。

自拍有什么好处？

为什么一定要发照片呢？最大的好处就是给别人留下正面积极的印象。

发出去的自拍，不说反复修图，也肯定是自己最满意的那些，展示之后，就会提高别人对自己的评价。别人的点赞也会让你更加心情舒畅，这样你来我往地让彼此高兴，一种重要的社交模式就形成了。

难道男性不需要社交吗？当然需要，只是这种互相发图点赞的形式怎么看，对男性群体而言都显得怪怪的。而女性对于这种社交显然乐在其中，因为大众在评价女性的时候，往往比较看中其外貌，美女往往身边围绕着更多支持者，甚至我们经常在报道中看到某著名美女企业家、美女画家、美女政治家、美女学者……有谁会提著名的丑女××家？这名号白给人家也不要。即使是某些搞喜剧的"女丑角"也会尽量把自己弄得丑且可爱。从进化心理学角度讲，就像男性追求更强壮或更聪明一样，女性追求更美是一种生存策略，而且是非常适应人类社会的生存策略。

由于大众普遍倾向于关注美女，使得女性更注重自己的外貌，这和自恋无关。而一个男性如果自拍多的话，极有可能是个自恋狂。

那些晒很多自拍照而且花时间编辑照片的男性，往往相信自己比别人更聪明、更有魅力，但他们内心仍然有潜在的不安全感。而且他们更容易表现出一些不良特征，如不会体谅别人的感受、不尊重别人、容易做出冲动行为。

不过自拍也有好处，就是提高自己的自信程度。美国心理学之父威廉·詹姆斯（William James，1842—1910）早就告诉大家：要保持积极的人生态度，很多事情只要你相信，你就有机会做到。

詹姆斯

第四章
生活心理篇：心理机能的"bug"

尽善尽美——强迫症不等于完美主义

在奥斯卡获奖电影《尽善尽美》中，男主角是一个患有强迫症的作家，非常追求完美，严重影响了他的人际关系。由于所有的东西都必须按照自己的要求摆放，他为此没少和家人起冲突。在现实中，很多人都说自己有强迫症，比如出门之后要检查一下门锁，看到红包就忍不住点，东西要收拾得整整齐齐，但其实，心理学中的强迫症，要比你想象的严重得多。

强迫症，凭什么当上心理疾病王者？

在几十年前，强迫症似乎并不如焦虑、抑郁那么常见，但其实它一直存在，只是并未受到人们的关注。20世纪80年代早期，美国的国立卫生研究所通过大规模的社会调查发现，强迫症的患病率甚至超过常见的情感障碍、惊恐障碍。更可怕的是，它还很费钱，美国每年因强迫症要花费8.4亿美元。如今，强迫症已经被列入"严重影响人们生活质量的四大精神障碍"之一，其他三个分别是抑郁症、焦虑症和精神分裂。虽然强迫症的症状非常简单，也并非不可预测，但它就像一个只会一招的武林高手一样，让药物疗法和各种心理疗法都很难奏效，使得精神科医生和心理医生都觉得它很棘手。

强迫症的症状，主要可归纳为强迫思维（又名强迫观念）和强迫行为两大类。强迫思维是以刻板形式反复进入患者意识领域的思想、表象或意向。这些思想、表象或意向对患者来说，是没有现实意义的、不必要的或多余的，比如一听见打雷就忍不住思考为什么打雷要下雨、下雨要打伞等。强迫行为往往是为了减轻强迫思维产生的焦虑而不得不采取的行动，患者明知是不合理的，但不得不做，不做的话就会寝食难安。常见的有强迫洗手、强迫整理等。还有一些患者拥有强迫性仪式动作，总是做一些具有象征性的、表征福祸凶吉的固定动作，试图以此来减轻或防止强迫观念引起的焦虑不安，如以手拍胸部，以示可逢凶化吉等。如果你总是忍不住手舞足蹈，左边画个龙，右边画一道彩虹，认为可以给自己驱邪，想改也改不掉，让你欲哭无泪，也算是强迫行为。有些患者还会强迫计数——见到某些具体对象，如电杆、台阶、汽车、牌照等时，不可克制地计数，如不计数，患者就会感到焦虑不安。

第四章
生活心理篇：心理机能的"bug"

患者意识到这些都是他自己的思想，很想摆脱，但又无能为力，因而感到十分苦恼。强迫症就像粘在身上扯不掉的狗皮膏药，很多患者花了无数的时间、金钱和精力，就是撑不走它，因此也有人形象地形容它为"心理癌症"。

那么问题来了，人为什么会得这个病呢？强迫症的病因复杂，学界尚无定论，目前大部分专家认为，它是患者心理、社会、个性、遗传及神经内分泌等因素综合影响的产物，但无论如何，心理原因是主导，患者经历过一些不良生活事件却没能成功处理，他内心产生的矛盾和焦虑等情绪，最后只能通过看似不可理喻的强迫性症状表现出来。比如，某人有一次衣服没整理好，被代表权力的老师、家长或老板训斥了一顿，就忍不住每次出门之前反复整理衣服，直到没有一个褶子为止，最后形成戒不掉的习惯，往往是衣服整齐了，人迟到了。有些严重的强迫症患者会长期失眠，最后身体彻底垮掉，甚至出现自杀倾向。近年来大量研究发现强迫症的发病可能存在一定遗传倾向。

这么可怕的疾病，难道就没有什么方法可以治疗了吗？强迫症当然可以采取心理疗法，临床上常用的方法包括：精神动力学治疗、认知行为治疗、支持性心理治疗及森田疗法等。其中，认知行为治疗是最常见的心理治疗方法，主要包括思维阻断法及暴露反应预防，简单解释就是"以毒攻毒"和"破罐破摔"。思维阻断法是当人产生强迫行为或思维的时候，就用另一个更讨厌的刺激，比如噪声等，来打断强迫症状。暴露反应预防是强制患者不许做这样的行为，例如不准他洗手，因患者所担心的事情实际上并不会发生，强迫症状伴随的焦虑将在多次治疗后缓解直至消退，从而达到控制强迫症状的目的。

"顺其自然"是最好的药

认知行为疗法似乎有些简单粗暴，如果时间允许，我们也可以采取森田疗法。森田疗法是日本心理学家森田正马提出的，它的核心思想就是"为所当为"。简单讲就是认真地做你该做的事情，比如吃饭、睡觉、聊天、学习、娱乐、工作、逛街、扫地、洗衣服、修理东西等，这些都是你该去做的事情。强迫症患者与健康人的区别是什么？其实他们之间最大的区别就在于强迫症患者忘记了"为所当为"，忘记自己该去吃饭、睡觉、聊天、学习、娱乐、工作、逛街、扫地、洗衣服、修理东西等，而是把自己的所有注意力都放在了内心中的一个念头、一个情绪上，如果从现在开始，你必须"为所当

第四章
生活心理篇：心理机能的"bug"

为"，即立刻把自己的注意力放在吃饭、睡觉、聊天、学习等你应该去做的事情上，并努力把它们做好，同时根本不用去理会自己的那些症状，那么久而久之，你就会改变那种恶性的、喜欢固着念头以及情绪的习惯，所有的强迫症状也就会在你的"为所当为"中自然而然地消失。除此之外，强迫症还能用药物治疗和物理治疗来处理。

强迫症的根源是恐惧，恐惧的根源是执着。而轻度的恐惧，或者称为"掺水"的恐惧，就是焦虑感。如今网络发达，人类的焦虑也在增加。虽然在传播方面网络是个好东西，能给我们带来很多好听、好看、好玩的信息，但是看到别人的一些行为，也会引发我们的焦虑。在一次网民调查中发现，现在的年轻人，96%都有过焦虑，而且54%的人每天都在焦虑。这说明，现在的年轻人压力越来越大。举个例子，2010年之前，你听说过很多年轻人谢顶吗？听说过年轻人因为加班猝死吗？听说过年轻人犯心脑血管病吗？在百年前，心理学家铁钦纳（Edward Bradford Titchener，1867—1927）还坚持心身平行论的观点，认为神经过程和心理过程是两种平行的、互相对应的活动，它们完全对应，又不互相干涉。但在现在的高压环境中，大家都知道生理和心理能够相互影响。

其实，完美是把双刃剑，适当追求完美是可以促进一个人发展，而过度追求完美，即过度到偏执和狂妄的完美只能阻碍一个人的发展，很不幸的是，强迫症等神经症的患者身上往往都有过度追求完美的倾向。想要改善，就从接纳自己的不完美开始吧！

铁钦纳

十二宫——为什么很多人会相信星座？

电影《十二宫》描述了一个和星座相关的连环案，光凭名字就引来不少观众。在生活中，也总有会有"心理爱好者"来与笔者交流，但开口都是在谈星座、星盘之类。在许多人心里，占星是心理学的重要分支，因为好像确实挺准的。其实，真正的心理学认为，这完全是"巴纳姆效应"作祟。巴纳姆效应又称星象效应，指的是每个人都很容易相信一个笼统的、一般性的性格描述，并认为非常适合自己。因为人本身非常喜欢主观验证，只要你想相信一件事，就会找出很多理由来支撑它，包括算命、平安符、性格理论等，都利用了这个原理。自古以来，人们都对那些无法解释的超自然现象将信将疑，即便是科技发达的美国，在超市里仍然有卖钉吸血鬼用的木桩子。中国至今也有很多人相信算命先生、风水师、星相家们毫无根据的忽悠。我们不禁要问：为什么很多早已被科学打倒的观念会如此根深蒂固？

星座中的心理效应

有一个双鱼座的来访者曾对我说:"我看到一个星座网站上面说,双鱼座的人是爱情的执着者,不管这个世界变成怎样,他们对爱的专一都不会变。双鱼座的人通常爱得很深,他们虽然不常开口,却一直在观察你的一举一动——说的好像就是我,真的很准,你说我要不要充个高级会员看看?"我把这段话复制粘贴到百度上进行搜索,发现这段话分别被不同的文章用在了射手、天秤、双子、摩羯、巨蟹、天蝎、金牛等多个星座上面。我顺手截了个图给来访者,并告诉她,人们之所以相信这些话,其实就是巴纳姆效应发挥了作用。大部分女人都对爱情非常执着,而且往往会在爱情里比较被动,即使喜欢一个人,也很少会主动告诉别人,所以她们会觉得那些话超级准。

而另外一种占星的方法——星盘,则大有天文观测学原理在其中。占星师会根据每个人的出生时间,绘制出当时天空中黄道十二宫和主要恒星、行星的位置。他们根据绘制的图像,再加上各种好像解几何题时需要画的辅助线,形成多种图形,从而推测出一个人的命运。相比于刚才那种纯粹靠概率来进行测算的活动,这种是不是看上去"科学"多了?可是,全世界每一刻都有无数婴儿诞生,他们的命运都是一样的吗?显

第四章
生活心理篇：心理机能的"bug"

然不是。

从另一个角度来说，星斗的运行轨迹都是固定的，我们能画出他出生时候的星盘，就可以像编制万年历一样，把他一辈子的星盘都画出来，从而解读他人生的每个阶段。如此说来，人生早就是冥冥之中自有定数，我们人类的力量再大，哪怕达到超人、雷神、奥特曼、圣斗士那个级别，也改变不了星星的运行轨迹。按照星盘的理论，人的出生时间，就能决定他将来的结局，这显然连最基本的因果逻辑都违背了。

那么，为什么这些行星会被赋予意义呢？这是来自古人朴素的归因思想。在希腊神话中，水星神赫尔墨斯是众神的信使，火星神阿瑞斯是战争之神，天王星神乌拉诺斯被自己的儿子土星神克洛诺斯用镰刀砍成太监，冥王星神则是地狱里头的"阎罗王"哈德斯。后来罗马神话几乎完全照搬了这些情节，给这些神仙改了个名字，成为今天我们看到的英文名。其实行星只是一些没有生命的天体，这和中国的属相符合性格的说法（属牛的人是牛脾气，属狗的人是狗脾气等）一样，只是人类一厢情愿地贴标签，都是无稽之谈。

还有人说，行星之间有巨大的引力，怎么能说这些星球影响不到地球呢？以冥王星（已经从太阳系几大行星中除名）为例，它距离太阳约39.5个天文单位（一个天文单位是地球到太阳的平均距离，约为1.496亿千米），大约有59亿千米，按照万有引力定律可以算得，两个星球之间的引力非常弱。顺便说一句，冥王星表面的引力只有地球的十六分之一，就算人落在冥王星上也不会受到多大吸引。想想看，如果来自星星的都敏俊教授是冥王星来客，在地球上恐怕他连上炕都费劲，更别提飞了。

从以上简单的推断中，我们可以得知，占星术纯粹是连最简单的逻辑都不符合的江湖骗术。有些不法分子发灾难财，靠占星预测航班灾难等来收取高额费用，还请广大读者不要轻信。当然，算命家们不会轻易放弃，即便占星算不准，他们还会提出：一命二运三风水，四积功德五读书，六择业七择偶，八交贵人九养生之类的，但这也是他们自己给自己挖的坑——有这么多影响因素，那意味着每个因素都不太有影响力，更没有必要测算了。

现实中，真有统计学相关的论文，证明了星座和性格有相关性，但是结论只能证明"相关"，却不能证明因果。因为这类统计并不是严谨的实验，填问卷的人，在填问卷之前，就受到了"星座与性格相关"的暗示，因此到底是他们自己影响了自己，还是星座影响了性格，就变得"有待商榷"了。

第四章

生活心理篇：心理机能的"bug"

统计学也能出错？

如果说星座神话过于主观，那么追求数字的意义是不是会显得"符合统计学"？比如8在中国就是好的数字，4在中国就是坏的数字。这总和天体运行之类的无关了吧？

我们举一个最常见的例子，大家普遍认为，13在西方是非常让人讨厌的数字，究其原因就是《最后的晚餐》中，第13人叛徒犹大出卖导师耶稣，遭受众人的唾弃。另外，北欧神话中也有类似说法，第13位神仙——邪神洛基（没错，就是电影《雷神》当中雷神的好友，但在北欧神话的大多数版本中，洛基都是雷神的叔叔），同样不受人欢迎。还有《十三号星期五》（又名《黑色星期五》）这一系列影片，连拍30年，堪称最长寿的系列恐怖电影之一，主角杀人狂杰森简直是两代人心中挥之不去的噩梦。因此，我们脑中就形成一个根深蒂固的概念：西方人极端讨厌13。

其实，这个观点并不准确。目前引领西方潮流的美国人，就对13这个数字相当着迷。我们可以拿出一张一美元的钞票来看看。暂且不理正面画着的国父华盛顿，我们可以在背面看到这样的图像：左半部是一个13层的金字塔，塔上方有两个单词（可以翻译为"上帝帮助了我们的事业"），共13个字母。而右边的那只老鹰，一边爪子握着13支利箭，另一边握着橄榄枝，枝上有13个叶子和果子。老鹰身上盾牌的条纹、头顶的星星、缎带上的字母（意为"合众为一"）数，都是13。

究其原因，并不是美国人完全不信邪（《黑色星期五》系列电影就是美国人拍的），而是由于美国最早是由13块殖民地开始发家的。所以，说西方人讨厌13并不准确，至少美国人提起这个数字还是挺骄傲的。

在东方，13一直是很吉利的数字，佛教中认为13是大吉大利的象征，因此很多宝塔都是13层。周易中也认为13是个好数字。可其他数字的吉祥成分也不低，例如，中国人也并非那么讨厌"数字4"，很多时候还很喜欢"4"，经常提出各种"四大"：四大名著、四大美女、四大名旦、四海、四方等。多研究一些其他数字还会发现，几乎每个数字都有吉祥的含义。

数字本身固然不会带来多大的幸运，13号产生厄运也只是人们主观认定的谣言。为什么有很多人会相信它呢？古希腊哲学家柏拉图曾经提出过一种唯心主义观点：在现实世界之外，有一个超越经验、超越时空、永恒存在的"理念世界"，而人类依靠在世界上的经验是无法认识理念世界的——这种观点被称为先验论。所以在有些文化中，人们往往

第四章
生活心理篇：心理机能的"bug"

会将难以解释的现象归于超自然的力量，他们认为这些数字就是超自然力量给我们的"提示"。

虽然历史上很多不幸事件都是在13号星期五发生的，但是这只是随机抽取的概率问题，在心理学上，有一种"幸存者偏差"现象。我们在获取数据的过程中，只注重数据的结果，而没有注重筛选的过程，就会导致一些奇特的结果。经过统计可以发现，其他日子发生坏事的概率也与13号基本相同。

千奇百怪的迷信

除了相信星座和数字这种遥远或抽象的概念，古人还有一些朴素的"归纳法"，即简单地把许多相近的东西联想在一起。例如，古人认为犀牛角是有灵性的东西，尤其是那种有一条白线从尖顶到底部贯穿的，这称为"通天犀"，是犀牛角中的上品，"心有灵犀一点通"的典故也是这么来的。古人还赋予了犀牛角神话色彩：犀牛角能分水，不过得是整个的犀牛角，还得是三寸长的"通天犀"，将其雕刻成鱼的形状含在嘴里，下海就能自动把水分开两半（出自晋代炼丹家葛洪的《抱朴子》），简直和摩西的那根分开红海的魔法棒一样神奇。可能是某些家庭把犀牛角摆在家中，于是又有人说犀牛角冬天能让屋里暖和、夏天能让屋里凉快，还能防止室内扬尘，净化空气减少$PM_{2.5}$的含量，夜里能当夜明珠放光，简直是改善居家环境的神器。最奇葩的是它还能用来吓唬鸡！用空心的犀牛角盛米粒，鸡过来啄几口就吓跑了，不知道这个功能到底有什么实质作用，好像只能给犀牛角增加一个外号，刘恂《岭表录异》中说："又有骇鸡犀、辟尘犀、辟水犀、光明犀。此数犀，但闻其说，不可得而见也。"《西游记》中的辟寒大王、辟暑大王、辟尘大王的名字就是这么来的，懂得典故的人看名字就知道他们是犀牛精了。这些总结并没有科学依据，只是把巧合或者错觉当成了定律。如果要验证也不难，找两个相同的屋子，内部摆设全部一致，一间屋中有犀牛角，另一间屋放一个同形状的无影响物件，最后测试两间屋子的温度是否相同，便可以得到准确的结果。当然古代没有测温装置，纯粹靠人感受，还是会受到巴纳姆效应的影响。

另外一些迷信则遵循"越大越好"的单纯前提。古人觉得犀牛角有药用价值，所以用犀牛角喝酒认为能强身健体。可能是因为天冷时牛角上会挂露珠，犀牛角和水牛角被认为是寒性的药材，可以解毒，治疗热病和惊厥。而犀牛比水牛大一号，所以效果也应该比水牛角好。其实犀牛角和水牛角并不一样：水牛角是直接长在头骨上的，而犀牛角则是皮肤之外的附

第四章
生活心理篇：心理机能的"bug"

属物，和指甲的成分类似。所以，我们在看古代犀牛化石骨架的时候，总发现它鼻梁上是光秃秃的。

还有种常见的迷信是"以形补形"。动物器官的药效和动物本身的特点相关，于是很多动物因此遭受到无妄之灾。例如，虎和豹是雄健的代名词，传统医学认为它们的骨头可以治疗风湿痹痛、脚膝酸软，能强筋健骨；海狗是一夫多妻制，所以雄性海狗的生殖器也被拿来作为补肾的药材。

最奇葩的是，由于穿山甲擅长"打洞"，所以古人认为它的鳞片可以给妇女"通乳"。其实它的鳞片成分和猪蹄子尖端没啥区别。欧洲的古人也是一样，他们认为独角兽的角能够解毒、壮阳，所以从北欧大量购买独角鲸的角，其实这只是独角鲸的牙齿。躺枪的动物还有很多，目前大部分动物都变成了濒危物种。

有人说，我也用过这些动物做的药材，确实管用啊！其实这可能是一种安慰剂效应：吃下这些，心里痛快了，症状也就自然减轻了。心理学家斯金纳（Burrhus Frederic Skinner，1904—1990）认为，这些迷信背后，是"赌徒心理"作祟。他通过训练，让鸽子学会了只有特定颜色的灯亮了才啄杠杆，还可以做出一系列很复杂的动作。斯金纳还发明了一种概率型的斯金纳箱，鸽子在啄杠杆的时候按概率掉出食物。鸽子在啄

你也可以懂的心理学
心理师带你解读电影的心理密码

杠杆之前可能会随机摇摇头，或者拍拍翅膀，围着杠杆转一圈，如果接下来按杠杆后刚好掉出食物，鸽子就会觉得这些动作是个必要仪式，每次按杠杆之前都要做一下，尽管实际上食物的出现是有概率的，和鸽子的动作毫无关系。斯金纳认为这就是迷信的来源，鸽子会认为做了这些动作之后更容易获得食物，人类也会如此，哪怕后来这个动作不那么管用，也不会放弃。同时，斯金纳的研究也解释了赌徒的心理：虽然没有办法预测下一次的奖励何时到来，但因为习惯于偶尔获得一些奖励，动物和赌徒都会坚持不断地试下去，以期望在下一次尝试中得奖，输了想再赢，赢了还想赢。斯金纳甚至发现，哪怕投

斯金纳

第四章
生活心理篇："心理机能的'bug'"

放饲料的装置已经完全关掉了，动物还是会不停按杠杆，直到没力气为止，像极了玩老虎机的人类。同理，有些人听了星座理论、数字理论或吃了某些动物器官后，随机出现了好结果，就产生了误解。

因此可以说，被人深信不疑的谣言，也可以被界定为关于外界真实世界与超自然现象之间的"错误"连接。也有研究者指出，相信谣言是自适应策略进化的副产品，是生存的一种手段。大量的行为学研究结果显示，人们缺乏自控力时，会更倾向于相信谣言，尤其是在群体中大部分人都表现出盲从行为时，从众效应会使谣言的力量更强烈。研究人员发现，右侧额叶中上回是个体判断谣言是否可信的脑区。

其实，相信谣言就是"非理性地相信某种行为或仪规"，是人类几千年发展过程中遗留下来的一种封建陋习，在自然灾害、贫穷困苦、孤独寂寞时，带有迷信色彩的谣言，给了劳苦大众一种精神上的企盼和力量。然而，谣言不同于宗教，它没有正式的组织形式，也没有固定不变的经典、信条和场所，其行为大多以诈骗为目的。说白了，谣言本不可信，之所以还有人信，其主要原因无非是：第一，害怕未知的东西；第二，懒惰思维让人不愿意思考。

对未知的恐惧是动物的本能之一，在人类还处于原始状态的时候，这种恐惧感可以让人类在充满危险的环境中活得更长久。没有人知道人类是从什么时候开始传谣的，但是很显然，有人发现这样的谣言不但可以安抚大众的情绪，而且能促使"相信谣言的人们"团结一致。因此谣言成为了人类对付人类的一样重要武器。许多民间谣言，虽只是人群中广为流传的一些没有确凿依据的言论，也在历史上扮演了重要角色，甚至很多朝代的更迭都离不开谣言的助力。

除了对未知的恐惧，懒惰也是大多数动物的天性。自然界的动物们基本都是吃饱了就休息，所以很少能发明出足以推动整个族群前进的新技术。而人类中的大部分也是这样，对于他们来说，相信被告知的知识比自发探索容易得多，也安全得多。毕竟探索未知本来就是一件令人恐惧的事情，被好奇心害死的探险家和科学家们也不胜枚举。

第四章
生活心理篇：心理机能的"bug"

♡ 大闹天宫——自恋者有什么特点？

《西游记》的故事大家都耳熟能详，从中演绎出来的电影、电视剧数不胜数，其中就有《大闹天宫》。如果站在心理学角度看，就会发现，唐僧的三个徒弟，都是闹过天宫的，只是程度不同。

孙悟空自不用说，大闹天宫的故事大家都很熟悉。最后他被如来佛祖降服，被判有期徒刑：压在山下五百年，剥夺一切自由，每天灌下铜汁铁丸，相当于日日遭受酷刑。

第二个闹天宫的是沙僧，当时他还是卷帘大将。原文中只说他打碎了玉玻璃盏，于是被贬下流沙河，七日一次，飞剑穿胸百余下。这显然惩罚太重。天上那么多大神，想把一个摔碎的东西复原，想必不是什么难事。为什么玉帝如此动怒？明代《韩湘子全传》补完了这个故事，原来左卷帝大将韩湘子和神仙云阳子在蟠桃会上争蟠桃，动起手来，打碎了玉玻璃盏，两人都被贬下界。如果把这个故事和《西游记》看作同一宇宙，那右卷帘大将应该就是沙悟净了，被贬的遭遇就合理许多了——他很可能因为参与这件事，才一同遭贬斥。表面上看，他只是为了争功劳，和同僚一起打碎了一只碗；可实际上，他是当着天界所有神佛的面，让玉帝下不来台。就好像在公司年会上，当着全国各个分公司领导的面，在董事长跟前大喊大叫。玉帝本来期待所有的神仙都按部就班，像"真社会性"的蚂蚁那样干活，如此破坏规则的"反社会"行为必须严惩，以儆效尤。

按照荣格心理学的观点，孙悟空和沙悟净的"大闹"，都是由于他们对于"英雄情结"的看重。沙悟净在刚登场时，也自我介绍说："自小生来神气壮，乾坤万里曾游荡。英雄天下显威名，豪杰人家做模样。万国九州任我行，五湖四海从吾撞。"孙悟空因为自己的官位太低，两次反抗天庭，沙悟净也因为没得到想要的待遇，与同僚争执，本质上并没有区别。只不过孙悟空争的是帝王之位，沙悟净争的是"优先吃桃权"。二人都在一定程度上，觉得自己无所不能，这在心理学上称为"自恋"，也就是一种高程度的自大。弗洛伊德的徒孙、心理学家温尼科特认为，自恋在婴儿期就会出现，因为小婴儿对外面的世界没有太多认知，总觉得全世界是围着自己转的，因此会有这种想法。随着婴儿长大，和外界接触变多，大

第四章
生活心理篇：心理机能的"bug"

荣格

部分孩子会变得不那么自恋。

自恋者经常夸赞自己，认为自己才华高、相貌好、能力强，是天之骄子，容易陷入孤芳自赏的状态，就像孙悟空和沙悟净的自述那样。虽然都是服刑人员，可是他们依旧不改自己的"架子"。由于过度高估自己，自恋者在和别人接触的时候，会有"不劳而获"的想法，比如不通过考核，直接给自己打高分；不通过竞选，直接让自己当领导等。孙悟空也想让玉帝直接给自己封大官，在西行路上，也多次偷盗。

但自恋的副作用也很大。有些人过度自恋，幻想自己拥有巨大的成就，同时自尊心非常脆弱，十分需要他人的赞美和关注，也不会将心比心地关心他人，同时难以维持正常的人际关系。如果这些特征已经变成了性格的一部分，那就有可能是"自恋型人格障碍"了。孙悟空和沙悟净虽然没有达到人格障碍的程度，但也都是不接受否定的主儿。在第三十一回《猪八戒义激猴王，孙行者智降妖怪》中，孙悟空本来对猪八戒的求助反应不太积极，可是听说黄袍怪骂了自己，马上就找他干架去了。黄袍怪并没有骂孙悟空，而是解释说："你不要信他，那个猪八戒，尖着嘴，有些会学老婆舌头，你怎听他？"可是孙悟空的自恋，绝对不允许他接下来这么说："对不起，我太冲动了，轻信了猪八戒的挑拨离间，没有调查清楚，就来找你麻烦。下次我一定要改正。"这么说可就不是孙悟空了。此时他即便知道是猪八戒胡说，也只好硬着头皮叫道："且不必讲此闲话，只说老孙今日到你家里，你好怠慢了远客。虽无酒馔款待，头却是有的，快快将头伸过来，等老孙打一棍儿当茶！"此时已经纯粹是没理硬找理，为了打架而打架了。

而沙悟净对自尊的需要也不容小觑，即便皈依之后依然不改。他唯一打死的妖怪是冒充他的猴精。在第五十七回《真行者落伽山诉苦，假猴王水帘洞誊文》中：这沙僧见了

第四章
生活心理篇：心理机能的"bug"

（假沙僧）大怒道："我老沙行不更名，坐不改姓，那里又有一个沙和尚！不要无礼！吃我一杖！"好沙僧，双手举降妖杖，把一个假沙僧劈头一下打死，原来这是一个猴精。

平时"憨厚老实"的沙僧，为什么会突然下了狠手呢？难道自尊心这么重要？心理学家马斯洛的理论正好可以解释这一行为，人天生有自尊和被人尊重的需要，统称"尊重需要"，当尊重需要无法被满足时，就会产生让人不舒服的自卑感。"尊重需要"得到满足后，会给人带来自豪感，让人心情舒畅，进而也会感觉自己更有力量和信心，在自己所在的群体中，也能有更高的地位。但是过度看重这种需要，反而会让自己变得脆弱。另一次在隐雾山，沙僧也是因为立功心切，中了豹子精的"梅花分瓣计"，让师父被抓走。

而比起两位师兄弟，猪八戒的"闹天宫"，看上去就是小打小闹。在第十九回《云栈洞悟空收八戒，浮屠山玄奘受心经》中，猪八戒自述："只因王母会蟠桃，开宴瑶池邀众客。那时酒醉意昏沉，东倒西歪乱撒泼。逞雄撞入广寒宫，风流仙子来相接。见他容貌挟人魂，旧日凡心难得灭。全无上下失尊卑，扯住嫦娥要陪歇。再三再四不依从，东躲西藏心不悦。色胆如天叫似雷，险些震倒天关阙。纠察灵官奏玉皇，那日吾当命运拙。广寒围困不通风，进退无门难得脱。却被诸神拿住我，酒在心头还不怯。押赴灵霄见玉皇，依律问成该处决。多亏太白李金星，出班俯囟亲言说。改刑重责二千锤，肉绽皮开骨将折。"猪八戒的这段故事，是发生在蟠桃会之后的，因为佛祖降服孙悟空后，天蓬元帅还出面迎接过。宴会上他喝得酩酊大醉，到了嫦娥的住处，便想要占便宜，之后惊动其他神官导致被捕。相比于孙悟空和沙悟净，猪八戒的这场闹剧发生在比较偏僻的广寒宫，也不是当着玉帝的面做，显然影响范围更小，判刑当然也更轻。他只是被打了一顿贬下凡间，也没有铜汁或飞剑那样的追加刑罚，完全是自由身；甚至被判投胎可能也只是名义上的，因为八十五回他又说："只因酒醉戏宫娥，那时就把英雄卖。一嘴拱倒斗牛宫，吃了王母灵芝菜。玉皇亲打二千锤，把吾贬下三天界。"如果不是吹牛，那他原本就是猪精成仙，只是酒醉现了原形，才能"一嘴拱倒斗牛宫"。猪八戒的罪行，主要出于生理需要，套用马斯洛的需求层次理论，相比于悟空和悟净，显然层次低很多。但猪八戒不会承认自己纯粹是好色，反而要说"那时就把英雄卖"，将自己的行为合理化，这依旧是"英雄情结"作祟。他的所有毛病，到故事的最后也没改掉，但是依旧成了正果。不得不说是佛界对他的偏爱，也是作者对他的偏爱。

同理，玉皇大帝也把尊严看得极其重要，所以他对于

第四章
生活心理篇：心理机能的"bug"

"不给他面子"的行为常常严惩不贷。但他依旧是一个宽仁的君主——对于孙悟空，他大部分时期的态度一直是"不知者不怪"。而对于三场"闹天宫"，他的惩罚也是依次减轻。从心理学上说，除了由于三次事件的严重程度依次减弱，也说明他在接连经历了相似的事件后，神经产生了"习惯化"，对事件主观感受的强烈程度，也越来越弱了。

唐僧的三个徒弟，成熟度最高的还是沙僧。虽然他早期和孙悟空一样争强好胜，但是他或许是在酷刑中明白了一个道理：成熟的重要标志之一是，扮演好不同的社会角色。许多人都会在青春期出现角色混乱，也就是个人的方向迷失，所作所为与自己应有的角色不相符合，卷帘大将和悟空都弄混了"英雄"和"天庭官员"这两个角色。按照精神分析学家埃里克森的理论，如果能处理好不同的角色，结束角色混乱的局面，就获得了"自我同一性"。

自我同一性是青少年人格发展的主要成果，是一个人成为有创造力的、幸福的成年人的关键一步。同一性的建立，包括明确自我身份、自我价值和未来希望的生活方向等。良好的自我同一性建立，会直接关系到未来的角色认同。角色认同是一个人的态度及行为与本人当时应扮演的角色一致，即接受角色规范的要求、愿意履行角色规范的状态。

沙悟净后来就能非常熟练地切换各种角色。当水怪的时候，专心吃人，哪怕已经被观音菩萨指定，但在没有正式加入取经团队时，还是见到岸边的唐僧就扑上去要吃。在成为和尚后，他又是三徒弟中最坚定西行的，从不说散伙的话，此时他又专心做好了另一个角色，当和尚时他是最守规矩的，当妖怪时他也是最坏的。从这些角度说，他是取经团队中心理年龄最大的。

而孙悟空、猪八戒和唐僧，却常常陷入自我角色混乱，或者说，角色认同没做好，是他们大多数心理冲突的表层原因。作为一个社会人，很多时候角色就是当下的存活状态，如果用一种角色的规范，去履行另一种角色的任务，那肯定会出问题。如唐僧有时候又想做活雷锋，又想专心去取经，经常犹豫不决，因此也多次掉入妖怪的陷阱。

《西游记》中有许多有趣的心理现象，许多你耳熟能详的经典故事中，都有有丰富的心理现象的影子，以后有机会，我们再一一道来。

第五章

心理障碍篇：是病人也是凡人

♥

在电影中，经常会出现各种奇奇怪怪的心理疾病，它们是真的吗？本章解析了大家耳熟但并不真正了解的心理问题和疾病，在澄清真相的同时，也可以向大家介绍心理疾病预防和初步检测的相关知识。

人的内心,既求生,也求死。我们既追逐光明,也追逐黑暗。

——弗洛伊德

第五章
心理障碍篇：是病人也是凡人

雨人——自闭者都智商高？

很多电影中都有这样的角色：沉默寡言，不喜欢与人接触，人际交往等方面情商几乎为零，但智商过人。电影《自闭历程》《玛丽和马克思》《心灵捕手》《马拉松》《我的名字叫可汗》《海洋天堂》等，都是以这类人为主角的，《雨人》更是其中的典型。

自闭的起源

没有人是一座孤岛，可是自闭症患者就不同意这点。自闭症（autism），又称孤独症或孤独谱系障碍（autistic disorder）等，顾名思义，就是主要表现为社交困难的一种心理障碍。在电影《自闭历程》当中，女主角葛兰丁拥有超人的思维能力和脆弱的内心，从小就不愿意与母亲交流，最终选择了研究家畜。她非常难以忍受和他人进行肢体接触，所以终身未婚。但是患有自闭症并不意味着她完全不需要别人，一旦感到大家忽略自己，葛兰丁当场就会炸毛，心态全崩。

自闭症的概念于1943年由美国约翰霍普金斯大学的专家莱奥·坎纳（Leo Kanner，1894—1981）首次提出，根据美国精神病学会在2000年发行的《精神疾病诊断和统计手册》修订版，这种病有三大类十二条常见表现，主要有：社会交往有质的损害、交流能力有质的损害、行为兴趣或活动方面呈现重复的或刻板的格式等，而且排除痴呆、癫痫、身体发育不全等其他疾病的影响。这种病的下属分类有很多，如儿童自闭症、典型自闭症、阿斯伯格综合征等。20世纪80年代以前，自闭症普遍被认为属不治之症。不过现在，很多自闭症都可以通过心理治疗获得改善。

自闭症的起因很复杂，有可能起源于基因，有可能来源于孕期的意外，也有可能是后天精神层面的影响。根据染色体的相关研究，22q13、2q37、18q等染色体的异常，都很可能引发先天性自闭症。随着基因技术的发展，每年人们都会发现新的与自闭症相关的基因。可是很多自闭症患者的父母并不是自闭症患者，因此目前学术界普遍认为，遗传型自闭症是一种由环境因子诱发的多基因遗传病。

此外，孕期感染也可能导致孩子生下来就是自闭症患

第五章
心理障碍篇：是病人也是凡人

者，致病因素多种多样：巨细胞病毒、水痘、梅毒螺旋体、弓形虫、丙戊酸盐类抗癫痫类药物、酒精等。所以妈妈们在怀孕的时候一定要多多注意。

自闭症都很聪明？

很多人看了上面提到的那些电影就会认为，自闭症患者虽然和人交流有障碍，但是会有某些特长，比如"雨人"有能一眼看出牙签数目的超级运算能力，自闭的畜牧业专家天宝·葛兰丁拥有网络图片库一样的记忆力等。可是生活往往十分残酷，大部分自闭症患者，都伴有神经内分泌失调的症状，智力比一般人要低很多。由于从小不愿意和人接触，他们的语言能力发展也受到阻碍，这会导致他们在听讲和阅读上更加困难。这些自闭症患者对外表现为兴趣十分狭窄，喜欢重复一些简单的刻板动作，如拍手、转圈、舔墙壁等，而不喜欢大部分孩子都喜欢的玩具。房间对于他来说就是个安全的牢笼。

像那种智力正常或超常的个案，被称为高功能自闭症或阿斯伯格综合征（Asperger syndrome），在自闭症患者当中只占极少数。所以大家也不要认为，自闭症患者都是人肉计算机,这种想法只会伤害大部分本来就不幸的自闭症患者。

自闭症分类中还有自闭症边缘、自闭症疑似等概念。主要症状表现为空虚、人际关系紧张、自我认知失调等。这么看来,我们身边的很多人都游走在自闭症的边缘。

目前,自闭症发病率在全球范围内呈急剧上升趋势。自闭症和大多数精神疾病一样,还没有特别有效的治疗方法,尤其是那些天生自闭的孩子们。缓解病情的方法主要是进行各种训练干预,如社交训练和相关教育课程等。但这些指导都需要配合药物治疗,如中枢神经兴奋药物等。

2007年的联合国大会上,卡塔尔提出设立关注自闭症患者的节日,受到五十多个国家的响应。于是联合国大会通过决议,从2008年起,将每年的4月2日定为"世界自闭症关注日",以提高人们对自闭症相关研究与诊断以及自闭症患者的关注。

第五章
心理障碍篇：是病人也是凡人

♡ 黑暗骑士——表演型人格障碍有多可怕？

说起表演型人格障碍，人们恐怕会和变态杀手联系在一起。《蝙蝠侠：黑暗骑士》中蝙蝠侠的死对头小丑，就是此类障碍的患者。小丑经常被关入疯人院，他的病友如企鹅人、双面人、谜语人等，也都有这个毛病。他们一般行为非常戏剧化，分不清演戏和真实生活，而且情绪变化很快，无法深入地表达事情的细节。在行凶时，他们也没有罪恶感，反而觉得是一种游戏。同时，他们虽然经历过很多打击，但不会认为自己是非常不幸的，他们大部分都认为自己非常受大家欢迎。

扮演罪犯的罪犯

现实中也有这样的犯罪分子，比如曾经杀害女同学的李斯达，这个案子曾经震惊全网。此人以拍戏为名，将女同学周某骗到出租房中，图谋不轨未成功后将其杀害，多日后才落网。其杀人的原因仅仅是:"想找个无辜的人发泄一下。"

那么,李斯达是怎样炼成的呢?有朋友回忆,李斯达从小经常遭受父亲的家暴,有时候甚至被勒令彻夜在家门外罚站,正是不幸的童年,逐渐培养了李斯达的反社会人格。心理学家弗洛伊德认为,童年的不幸会伴随终身,导致人们成年期的行事作风出现问题。有时候也许个体自己早已忘记了这些不幸,可是潜意识当中,这些不幸造成的恐惧和愤怒还是会默默影响着个体的行动。同时,为了引发别人的关注,这种人会想尽办法做出种种出格的举动,让自己的内心得到平衡。

根据李斯达的同学们反映,李斯达平时的行为就非常怪异。比如他说话会有舞台腔;他冬天常穿个军大衣,夏天光着膀子在食堂吃饭;挂科不少,有的专业必修课都不去上,甚至为了找刺激,故意不去毕业答辩,让自己只能结业而不能毕业。此外,李斯达性格孤僻,不善交际,而且有暴力倾向。他曾经在网上发布过自己手持尖刀的照片,以及许多充满黑暗色彩的文字。

李斯达的很多行为都可以被称作侵犯行为(言语和行动上都有)。侵犯行为分为报复性侵犯行为和工具性侵犯行为,前者是为了报复对方,而后者是为了达到某种目的。李斯达的杀人行为非常复杂,既是工具性的,又带有少量报复

第五章
心理障碍篇：是病人也是凡人

性，只不过他将对父亲的报复转嫁到了一个弱女子身上。

其实，有些艺术家身上也有表演型人格障碍的特征，比如著名音乐家莫扎特的表现就非常符合表演型人格障碍的特征。莫扎特从小就被酗酒的父亲逼着练琴，只为让他能多挣些钱来给自己买酒。从莫扎特的信札中，我们可以看出他是一个严重的性变态者。他本人也说："我承认我是个低俗的人，但是我的作品不是。"或许正是因为他那种超出常人的癫狂，才成就了很多不朽的音乐作品。不过莫扎特是梅毒感染者，很多研究者认为，他是因为病毒侵袭大脑而产生了思维异常。

不过，表演型人格障碍的人成为艺术大师的毕竟是少数，一般家长也很难及时发现孩子的相关特点并加以正确指导。大部分表演型人格障碍患者，都多少带有一些反社会的特质，很容易成为犯罪分子。最著名的案例如《蝙蝠侠》系列中的"犯罪王子"小丑（Joker），他是一个自认为非常有艺术细胞的变态，他认为自己是一个可以主宰他人生命的大导演。如果别人不配合他一起演的话，他就会恼羞成怒，对对方进行疯狂的报复。他在杀死人之后还要给人画上笑脸，同时自己也仰天大笑。对于他的老对手蝙蝠侠，他却从来不舍得杀死，甚至不会去摘掉他的面具，因为他认为和蝙蝠侠的战斗"很好玩"。

表演型人格障碍是一种很难治疗的精神疾病，通常只能住院治疗。

人格障碍等于疯子吗？

很多人认为表演型人格障碍者精神不正常，和其他人格障碍一样，都是精神病患者，其实不然。精神病人是一群无行为能力的人。他们不犯病时和常人无异，犯病时则处于非常不稳定的精神状态，无法进行正常的学习、生活、工作，也难以进行正常的人际沟通，思想严重病态，行为也很难被大众理解。而人格障碍只是"性格有严重问题"。

精神病的判定主要有三条原则：第一，是否出现幻觉或妄想，人格是否稳定；第二，自我认知是否出现问题（通常精神病患者不会愿意寻求心理辅导和治疗，也不会认为自己有病）；第三，情感与认知是否统一，知情意是否一致，行为情绪是否已经脱离理智控制（比如精神病患者可能出现高兴的时候痛哭、悲伤的时候大笑、吃到恶心的东西反而很欢快等表现）。符合这些症状当中的一种或几种（主要是一、三），才可能会被判定为精神病患者。

而人格障碍者，他们的感知层面是清晰的，没有幻觉，

第五章
心理障碍篇：是病人也是凡人

人格通常也是稳定的，只是"性格非常不好"，到了"障碍"的程度。当然，既然性格有大问题，人格障碍者患上精神病的概率也比普通人高很多。

值得注意的是，虽然人格障碍不都是精神病，但反过来看，很多精神病人拥有反社会型、冲动型、表演型、偏执型人格障碍，容易有犯罪行为。与蝙蝠侠斗争到天荒地老的阿克汉姆疯人院的诸位病友们，大多是一种或几种人格障碍的患者。如谜语人每次作案都要留下谜语，这就是强迫型人格障碍的一种表现。因为童年说谎经常遭受体罚，所以他不得不留下一些线索，以示自己"光明磊落"。

美丽心灵——什么是妄想型精神分裂？

电影《美丽心灵》的主角原型是诺贝尔经济学奖得主约翰·纳什（John Nash，1928—2015），该电影也让妄想型精神分裂——这种纳什曾经得过的病开始受到人们的关注。那么到底什么是妄想型精神分裂呢？它是否能被治好呢？

精神分裂不等于多重人格

要明白这些问题，我们首先要弄懂什么是精神分裂。精神分裂可不是大多数人所认为的人格分裂，而是一种病因未明的常见精神障碍，也就是我们常说的"精神病"的一种。患者在感知、思维、情绪、意志等方面出现障碍，精神活动出现不协调或脱离现实。精神分裂症常发病缓慢，部分患者可发展为精神活动衰退。患者平时可以保持清晰的思维，只是某些认知功能会出现障碍，可是一旦发作，就几乎丧失全部自知力。

第五章
心理障碍篇：是病人也是凡人

而妄想型精神分裂症则是最常见的一种精神分裂症，患病者大多集中在中老年群体中。患者大多具有多疑、敏感、行为神秘、不易接受他人的批评、容易嫉妒他人等特点。妄想型精神分裂症者会出现意志行为障碍，意志会比常人强很多，会千方百计地达到自认为重要的目标。患者在发病前，通常具有固执、敏感、多疑、好强、嫉妒心强等人格特质，在发病之后，患者所产生的妄想，也通常与现实有一定联系，不算荒谬。有的发病者拥有一定的社会地位，在工作上有所成就（就像我们的纳什一样），所以行为也基本符合社会规范。

那么，这种病有办法治疗吗？虽然我们没有能彻底根治的方法，但是医学家和心理学家还是找到了一些应对的方法。早在西汉年间，张仲景就找到了缓解精神症状的药方，现代医学界也用银杏叶提取物、氯氮平、氨磺必利等来缓解症状。除此之外，心理疗法也是十分必要的，通过音乐、体育运动、手工作业等方法，可以转移患者的注意力，增强患者和其他人交流的能力，逐步让患者回归社会。患者的家人和朋友们，也应该抱着宽容的态度接纳患者，如果一味地远离或对其议论纷纷，只会触动患者们敏感的神经，让病情更加严重。

癫痫是妄想型精神分裂的症状吗？

还有一种常见病，特别容易和精神分裂弄混，就是癫痫，在民间又叫"羊角风"或"羊癫风"。它是大脑神经元突发性异常放电，导致短暂大脑功能障碍的一种慢性疾病，也是中国人认识比较早的一种脑部疾病，是神经科仅次于头痛的第二大常见病。目前，全世界已经有大约五千万癫痫病人，中国的患者数量也超过了一千万。癫痫最明显的症状是抽搐和失神，因此和精神病还是有区别的。古代许多巫师可能是癫痫患者，因为他们常常会有被鬼神附体的错觉体验。许多宗教人士正是有明文记载的癫痫患者，比如16世纪西班牙的修女圣特雷萨。每当她癫痫发作时，就能在痛苦带来的幻觉中，感受到上帝的眷顾，直至她自己也爱上了这种痛并快乐的过程——某些人也会认为，这是她的妄想。雕塑家乔凡尼·洛伦佐·贝尼尼（Gian Lorenzo Bernini，1598—1680）根据她的故事创作的《圣特雷萨的沉迷》，是巴洛克风格雕塑艺术的巅峰。或许正是因为癫痫本身症状过于简单，反而被发病者或者周围的人附上了各种奇幻的理由，让它和精神病看上去像是同胞兄弟。

癫痫这种病，在医学上迄今为止都处于一个尴尬的地位。心理学和生理医学都研究它，但是又都把它推到对方的研

第五章
心理障碍篇：是病人也是凡人

究范围内。因为常见的癫痫既如心理疾病一般没有解剖学上的病变，却又有显著的外部特征，主要靠药物治疗。癫痫分为原发性和继发性两种。原发性癫痫又称隐性癫痫，目前病因尚不明确（一些专家认为是基因的影响），也无脑部器质性或代谢性疾病表现。继发性癫痫则是后天的脑部器质性病损或代谢障碍所致。由于各种原因造成的中枢神经系统病变或者异常，包括我们熟知的痴呆在内，都可能引发癫痫。

近年来，玩手机、玩电脑或熬夜的年轻人越来越多，因为脑部疾病患上癫痫的人数也略有上升。不过可喜的是，八成以上的癫痫都能通过药物进行有效控制。

虽然抽搐是癫痫的主要症状，可是也并非癫痫独有，低血糖和缺钙也会引起抽搐。现代大部分医学家都认为癫痫还不算精神疾病，也不会传染，而且完全治愈的可能性也较高。因此大家大可不必对癫痫患者敬而远之。当你看到癫痫病人浑身抽搐并口吐白沫的时候，不要擅自治疗，最重要的是帮他调整体位，防止他因呕吐物进入气管而被呛死。

美国精神病人——精神病能临时得上吗？

电影《美国精神病人》塑造了一个患有精神病的杀人犯。生活中也有许多犯罪分子都自称有精神病。例如南京宝马车祸案车主王某在交通肇事之后，就号称自己是"急性短暂性精神障碍"患者。稍微熟悉一些法律的朋友们都知道，精神病人如果犯罪，并不会像普通人一样承担完全的刑事责任，因此，刑事案件中对于嫌疑人精神状态的鉴定，一直是个深受大众关心的问题。也会有不少人提问：难道精神病人的犯罪概率就真的比普通人高吗？

在学术界，精神病的判定主要有三条原则，第一条是"是否出现幻觉或妄想"。严重的焦虑、抑郁、强迫症患者，只能算是神经症，而非精神病。神经症一般没有器质性病变，而精神病就不同了。精神病有时会和器质性病变同时出现，如脑外伤、脑出血、颅内肿瘤，甚至那些躯体症状，如心、肺、肝、肾发生疾病，导致脑供血不足、体内电解质

第五章
心理障碍篇：是病人也是凡人

失衡等，都会引起精神病。外界的刺激因素同样可怕：一氧化碳、苯、铅、酒精等多种急慢性中毒、对于一些毒品的吸食，甚至是某些宗教性的迷信行为，都可能引发精神病。从医学角度讲，精神病只能控制，很难完全治愈。

现实中的很多精神病人，由于不能控制自己的行为，因此也难以控制自己遵纪守法。因此不能单纯地说精神病人更容易犯罪，而是他们什么违规的事情都更容易做，包括犯罪在内。

古人如何看待精神病？

精神病在古代被认为是恶魔或鬼怪附身的结果，既然是邪祟附身，当然能临时得上。但是在古时候，你肯定不会想通过装病来逃脱审判。东西方古代都有专门用来驱除心魔的工作人员，如中国古代的某些方士、欧洲的驱魔人、非洲的部落大祭司、日本的阴阳师等，他们会通过一些咒术、仪式化的舞蹈等，来"赶走"附在病人身上的魔鬼。要说其中有一些科学道理的话，或许这些仪式相当于一种朴素的催眠术。

如果还不管用怎么办呢？在中世纪的欧洲，有些宗教法庭认为恶魔盘踞在受害人的大脑中，因此需要在颅骨上钻孔让恶魔出来。可以想象，在没有麻药的时代，这是一种多么痛苦的手术，以至于后世不少人认为这其实是一种酷刑。据说被钻孔的人确实病好了。在此处只能引用小品里的一句名言："你踩你也麻！"再有精神病的人也知道疼，钻个孔就不敢闹了。

除了用钻头开"脑洞"，欧洲人还有其他脑洞大开的观点，理论基础都要上升到神学。作为欧洲文明源头的古希腊人认为："人的行为由众神控制，对神的违抗会导致精神疾病。"想想希腊众神的所作所为，不是勾引良家妇女就是撮合人类打架，不违抗神好像也好不到哪里去。更惨的是，进入中世纪后，很多精神病人被宗教法庭当成撒旦附体，或者是由于罪恶而被上帝处罚，甚至一些激进的观点认为这些人是异教徒或者女巫，自己愿意跟魔鬼勾结，背叛了上帝和同胞们。他们还不是简单的叛徒，还会造成暴风雨、洪水、旱灾、瘟疫、阳痿或者猝死。所以对待这些人，就要给他们造成一些永久的残疾，比如割舌头、扭断或切断肢体，最严重的直接砍头或者绞刑。

另一些关于精神疾病的观点则显得"科学"许多，不强调怪力乱神。早在公元前480年，古希腊的希罗多德就记载了一种"子宫脱位症"，当时人们认为由于性刺激或压抑过

第五章
心理障碍篇：是病人也是凡人

度，子宫在体内胡乱游走，导致妇女出现疯癫。这是人类注意到心理疾病有生理原因的开端。但是由于时代限制，治疗方法还是以简单粗暴为主：包括吃泻药、催吐、熏产道、放血和切除子宫等。不过摘除子宫实在太血腥，到了古希腊伯里克利时期，虽然那时候还是奴隶制民主政治为主流，但被称为"西方现代医学之父"的希波克拉底发明了较为温和的用按摩治疗这种病的方法。中世纪时，气氛非常压抑，女性患这种病的特别多，那时医生依旧采取按摩的方法，因为按摩之后癔症确实能得到缓解。直到19世纪晚期，人们才知道这种常见于青年女性的精神病，是脑机能异常所致，就是我们熟悉的歇斯底里（癔症）。当然，这种病男人也会得。

什么是急性短暂性精神障碍？

那么，在现代医学看来，普通人有"临时患上精神病"的可能性吗？在"南京6·20交通肇事案"中，南京脑科医院司法鉴定所对嫌疑人进行分析，宝马车主王某被诊断为"患有急性短暂性精神障碍"。这种病到底有什么特点呢？根据相关定义，它主要有三大临床特征：急性、短暂性、精神病性。急性，是指起病过程很急，一般在两周内起病；短暂性，是指病程持续时间不长，整个过程至少持续一天，一般在一个月以内；精神病性，是指以自己产生的幻觉、妄想为基础进行逻辑推理，比较多见的表现有被害妄想等。根据肇事者交待，在开车之前他曾经产生过一些幻觉，觉得"自己被人陷害，非常没有安全感，手机里的信息好像都被人看穿"，所以才以195.2km/h的速度在城市中飞速行驶。

在美国，急性短暂性精神障碍的发病率在精神病患者中占9%，而且女性的发病率高达男性的两倍。急性短暂性精神障碍的病因有很多种，常见的是生理原因，如脑器质性疾病（脑炎等）、躯体疾病、精神活性物质（酒精、毒品）。除了生理因素之外，还有很多心因性因素可能导致发病。随着社会的发展、时代的进步，现代都市人的生活压力与日俱增，人口密集、污染严重、交通拥挤、住房困难、人际关系紧张，这些都有可能成为个体焦虑和紧张的原因，成为急性短暂性精神障碍的根源。

有证据表明，肇事者平时就是一个脾气急躁，动不动就对人拳脚相加的人，既然平时都这么不稳定，那他或许有人格障碍。但是，不论有什么精神问题，犯罪后都不能逃脱法律的审判。或许很多人都不知道，我国刑法还有这样的规定："间歇性的精神病人在精神正常的时候犯罪，应当负刑事责

第五章
心理障碍篇：是病人也是凡人

任。尚未完全丧失辨认或者控制自己行为能力的精神病人犯罪的，应当负刑事责任，但是可以从轻或者减轻处罚。"这说明在司法程序中，肇事者在当时是否真的处于精神失常状态，会被慎重研究，最终得出公正的结论。

第六章

动物心理篇：动物的小心思

♥

动物类型的电影总是老少皆宜。在本章中，我们将从生理心理学角度，来了解动物的心理如何运转，让你更懂身边萌宠和自然生灵的小心思，理解那些看似难以理解的有趣行为。

狗爱朋友，咬敌人。这点跟人类很不一样，人类没有能力单纯地去爱，永远都是爱恨交织。

——弗洛伊德

第六章
动物心理篇：动物的小心思

九条命——为什么掐住猫的后脖颈就"冻住了"？

在巴里·索南菲尔德执导的喜剧电影《九条命》中，男主变成了一只猫，也理解了很多看似"神经兮兮"的猫的行为。现在养猫的人越来越多，不少铲屎官为自家猫不听话感到头疼。或许有人发现，掐住猫的后脖颈，它就好像被点穴一样不能动了。难道猫的这块皮肤不怕疼吗？为什么它们会有这种表现呢？

奇特的夹子催眠

有人在实验室做过实验，用活页夹夹住猫的后脖子，不同年龄和性别的猫都会变得老老实实。它们背部拱起，尾巴夹在双腿之间。人在痛苦的时候也会身体缩成一团，可是被夹子夹住的猫并没有瞳孔放大、呼吸急促、心跳加速等痛苦的表现，所以它们被夹住的时候是没有感到痛苦的，反而很安逸。科学家将这种现象称为"夹子催眠"（clipnosis）。

其实，夹子催眠这种现象在大部分哺乳动物中都存在，松鼠、浣熊、狗、狮子、熊……除了灵长类和树懒等可以用手抱着孩子、食草动物的孩子生下来就会走路外，其他动物几乎都要用这种方式来迁移孩子。

除了哺乳动物外，其他的动物要么是没有柔软的皮肤，要么是没有牙齿，因此用嘴叼这个动作首先是不能实现的。而且大部分哺乳动物从身体结构来看，四肢和尾巴都不是适合用嘴叼的地方，只有背部和脖子可以作为受力处，而脖子的位置通常更为合适。如果孩子非常小，那么咬后背也是可以的。至于食蚁兽、穿山甲这样嘴张不大的动物，那就只能背在后背上了，比如小穿山甲会爬到母亲的尾巴上。你问我刺猬怎么办？在会跑之前，只好待在窝里了。

因此，对于一些动物来说，后脖颈被咬住之后，它们就得到了一个信号：妈妈要叼我了。于是它们会非常配合地保持不动，即使成年的动物也会立即进入童年状态。很多人会担心在野外这种本能会让它们被吃掉，其实根本不会。因为捕食者虽然也咬脖子，但是咔嚓一下就将猎物咬死了，不会耐心到先咬后颈皮肤催眠，然后杀死猎物。

但是，如果动物的体重已经足够大，那捏着脖子提起来就会让它感到痛苦,这时它就会反抗了。具体事例可以参考狮子或老虎交配的时候,雄性会咬着雌性的后颈固定位置。但是雌性被咬并不舒服,完事儿后马上会还嘴反咬。这类大型猫科动物通常能长到二三百千克,后腿立起来远超过人的身高。所以人类请不要尝试把它们揪着后颈提起来,即便它让你提,你的身高也不够把它提离地面。

其他动物也能被催眠?

我们有时可以看到蜥蜴、鸡、青蛙等动物在四脚朝天的时候会一动不动,陷入"催眠状态",但是这种催眠其实是一种自我保护式的装死,而不是真正有安全感的行为。还有些动物特别擅长装死,如猪鼻蛇、负鼠等,这是不受意识控制的本能行为,它们装死时还会散发出难闻的气味,帮助它们在捕食者面前逃过一劫。这些催眠,和脑电波意义上的催眠并不一致。

还有一类哺乳动物是没脖子的,比如说海豚,想要催眠它,该怎么办呢?答案是海豚不能被催眠。能被催眠的动物,它们的大脑要有深度睡眠和浅度睡眠的能力。而海豚左右脑之间的胼胝体非常特殊,使得它的左右脑可以轮流睡觉,所以它本身就没有进入催眠状态的生理基础。许多鸟类也有左右脑轮流休息的能力，如斑尾塍鹬、信天翁等。它们需要长期迁徙，从北半球到南半球连飞数日。这种睡眠方式，叫"单半球慢波睡眠"，也被称为USWS。而人类的睡眠模式属于"双半球慢波睡眠"（BSWS），要么不睡，要么整个大脑都睡。

这些动物之所以有这样的功能，还是为了生存。海豚需要呼吸氧气，因此不能在水中睡得太死，它们还需要发现潜在的威胁，及时避开捕猎者。脑电图（EEG）数据显示，宽吻海豚平均每天有33.4%的时间在睡觉，这睡眠时长已与人类相差无几，甚至比人类还要长。

对于鸟类来说，它们在自然界的天敌很多，所以要时常保持警觉，甚至边飞边睡也不是什么了不起的能力。其实许多飞鸟都是空气动力学大师，以我们熟知的大雁为例，大雁以列阵飞行闻名，一会儿排成"人"字形，一会儿排成"一"字形，一些科学家认为，它们之所以这样做，并不是因为群体中的个体之间有深厚的联系，主要是为了节省体力，以更顺利地完成长途旅行。1970年，里萨满和斯科伦伯格利用空气动力学理论首次给出了一个估算——与单个大雁相比，一个由25只大雁组成的"人"字形编队可以多飞71%的航程。大雁"人"字形的飞行队伍中，飞在最前面的头雁扇动翅膀时，会在它的身

第六章
动物心理篇：动物的小心思

后形成一个低气压区，紧跟在后面的大雁可以通过它来减少空气的阻力，从而达到节省体力的目的，这时候也不需要全神贯注地飞，可以偷懒打个盹儿，就像坐在摩托车后座的人感受到的那样。但是最前面的头雁就没有这么轻松了，它们很容易疲劳。所以当飞行路程很长时，雁群需要时常变换队形，轮流做头雁。但目前，大雁飞行的秘密依旧没有被完全破解。大雁"人"字形的夹角大小经常会在24度到122度范围内变化，而且大多数时间，它们会选择"一"字形，只有20%的飞行时间里，它们才会选择"人"字形。

不过在走路的时候，鸟一般就不会边睡边走了，反而显得"无比专注"。不知道大家有没有仔细地看过鸡走路？其实观察一下就会发现，鸡走路的时候是身体一抖一抖、脑袋一突一突的，不仅鸡是这么走路，鸽子也是，孔雀和鹌鹑也是。实际上，这是鸟类特有的走路姿势，除了鸡形目之外，鸽形目、鹤形目等我们能看到的鸟类，基本都是这样的。这是由于鸟类的上肢进化成了翅膀，平时都收着，所以并不能像很多其他动物那样用上肢来捕捉猎物。为了能准确捕到猎物，也为了能和爪子配合，鸟类的颈椎比哺乳动物长得多。人类和长颈鹿的颈椎都是七节骨头，但是鸟类则有13—25节。很多看似脖子很短的鸟，实际上脖子的构造比人类的要复杂得多。比如说企鹅看着胖胖的好像没有脖子，实际上颈椎非常长，一直延伸到双翼的位置。由于颈椎太长又太灵活，鸟类的走路姿势就会受到影响，脑袋和身体并不能"步调一致"，因此总是脑袋先"走"，然后身子跟过去。

蒙住眼的鸽子就不会这么走路了，所以这个走路姿势跟眼睛有关。大部分鸟类的听觉和嗅觉都不太发达（猫头鹰那样的夜行性鸟类除外），味觉甚至几乎没有，所以感知外界基本靠眼睛看。所以，鸟类也是自然界中少数拥有彩色视觉的动物。非夜行性鸟类拥有比人类更发达的"四色视觉"，也就是能看到人类看不到的颜色（包括红外光和紫外光），所以即便你打扮得很朴素，在鸟类眼中也是花里胡哨的。

可是光视力好是不够的，还要想办法扩大视野。动物的视网膜上，有一块对图像最敏感的地方，叫中央窝（又称中央凹），这里充满了能识别颜色的视锥细胞，图像聚焦在这里的时候才看得最清楚，所以我们会靠转动眼珠来看清东西，如果转动眼珠还看不清才会转动脖子。但大多数鸟类的眼珠子比较大，不能转动，而且鸟类的两个眼睛都在侧面，因而有时它们无法看到正前方的东西。哺乳动物也有眼睛长在两边的，比如兔子，它有时候跑得太快就容易撞树，"守株待兔"的典故也源于此。尽管鸟类没有蝙蝠那样的回声定位能力，但我们也很

第六章
动物心理篇：动物的小心思

少看到有鸟飞着飞着傻傻地撞到树上，因为它们依靠眼睛也能很好地感知障碍物。因此在走路时，鸟类会显得无比专注，这时候就更难以进入"催眠状态"了。

猫狗大战——猫和狗到底谁更受人类欢迎？

在电影《猫狗大战》中，猫和狗打得不可开交。现实中，猫和狗是人类最常见到的两种动物。2017年国家统计局的一份报告中说，中国养狗的人数世界第三，仅次于美国和巴西，全国共有2740万只宠物狗；而中国养猫的人数世界第二，全国有3756万只宠物猫。可是在2015年，中国养狗的家庭大概有3000万户，大约占总家庭数的7%，而养猫的只有2%。从数据上看，喵星人这几年逆袭了，比汪星人增长快。

猫为何更受人类喜欢？

不得不说，现在的养猫人士越来越多了，根据相关统计，养猫人士大部分有如下特点：80后或90后，教育程度在本科或以上，单身，他们中也有很大一部分是独居的老人。养猫的年轻人大多数擅长使用社交网络，2017年，微信公众号"乐

第六章
动物心理篇：动物的小心思

活"类榜单中，排名第一的账号也是以"猫"为主角，人们为这种可爱的生物贡献了2.1亿次阅读量。现在"吸猫"已经成为了一种流行趋势，很多人虽然家里不养猫，但是特别喜欢在网上看猫的图片，美其名曰"云吸猫"。

为什么大家越来越喜欢猫？因为猫更符合人类的心理需求。在网络时代，有一个不得不承认的事实是，一些年轻人身上出现了这样的特点：宅、懒、独。世界上的单身人士数量已经突破了历史纪录。人在独居的时候，宠物是一个很好的互动伙伴，最常见的宠物就是猫和狗。如果养狗的话，洗澡和处理卫生问题会消耗大量精力，而且狗是会大声叫的动物，对于那些懒得做饭、洗衣服和收拾屋子的人来说，简直"玩不起"。至于猫，自己会清洁自己的毛，大小便也有固定的地点，洗澡嘛……大部分喵星人显然是拒绝的。

而狗作为狼的后裔，还有一个心理特点，就是社交需求非常强烈，每天必须和同伴出去奔跑，玩起来也是停不下来，所以养狗的人必须每天遛狗，而有些狗比主人还强壮，主人要拖着刚下班的疲惫身躯，被狗遛得筋疲力尽。相比之下，猫就从来不需要主人带出去跑，它们比较喜欢独来独往，或者发情期去外面找同类玩，玩完了还能自己回家。很多铲屎官干脆将猫阉割掉，这样整天待在家里也没事了。总的来说，养猫人数增多的背后，折射出的是整个社会的孤独感。安静而神经质的猫咪，恰好是孤独的现代年轻人的自我投射。

但最重要的原因却不是这些。世界上可爱的动物很多，只有少部分是可以驯化的，大象虽然也可以被驯化，但为什么很少有人养呢？因为吃得多啊！相比于狗来说，大家养猫最重要的原因是省钱。现代人的生活压力越来越大，既没有精力，也无法像过去的富贵人家那样专门雇一个"狗把式"。一只普通的成年猫，一个月大概能吃3～5斤猫粮，同样多的食物，换作成年狗够吃三天左右。因为猫没有狗那么好动，消耗非常少。家猫有时候一天也能睡上18小时。野外的大部分猫科动物也是如此，老虎一周进食一次，每天有20小时左右用来睡觉。

猫的玩具也相当便宜，毛线团和狗尾草做的逗猫棒、废纸箱做成的猫抓板，就可以让它玩很久，不像狗那样，总需要咬一些东西来锻炼牙口，要知道大部分东西，被狗子们咬过可就报废了！猫顶多抓碎一些卫生纸或留下一些表面的抓痕。

虽然猫总是对人爱搭不理的，但是人们就是非常喜欢它，哪怕它挠人，人们还是愿意靠近，为什么人在猫面前变得这么"舔"？因为猫满足了人类关于繁衍最终极的心理需求。在心理学上，有一种神奇的心理效应叫作"丘比特娃娃效应"，即人们对有圆脸蛋、大眼睛的小孩子或小动物，会产

第六章
动物心理篇：动物的小心思

生亲近的欲望和想要照顾的情愫。这种心理效应是进化的结果，原本的作用是增强大人对孩子的感情，增进母婴依恋、亲子依恋，从而更有利于婴儿的生长发育。由于需要直立行走，人类的骨盆比四足动物狭窄许多，生孩子变得尤为费力。所以为了让孩子生下来，就必须在胎儿还没有完全长成的情况下提前产出。人类的婴儿刚生下来后，没有任何生存能力，人类父母必须比其他动物更多地照看自己的孩子。也正是因为如此，人类的亲子之间有非常强的情感纽带。

偏偏猫就是一种脸型能够一直保持幼态的动物。也就是说，小猫和大猫的五官相差并不多，都和人类婴儿一样圆脸大眼睛。可再看我们熟悉的中华田园犬，小时候脸也圆嘟嘟的，可是长大后就会变得嘴巴像狼一样长，没那么可爱了。

在猫的五官当中，大眼睛是最有吸引力的。人类从婴儿期就开始注意其他人的眼睛，养育者也很容易对婴儿的眼神进行回应。猫的眼睛也因此让人觉得可爱。同理，熊猫的眼睛虽然不大，但是黑眼圈显得眼睛大，也同样被人定义为可爱。

此外，圆圆的脑袋、偏短的四肢、肉呼呼的小"拳头"，猫的外在形象完全与婴儿类似。甚至猫发出的某些叫声，也非常像婴儿的牙牙学语。猫在行为上与小孩子也有许多相似之处。2006年，美国人格与社会心理学学会进行了一项评估儿童可爱程度的试验。最终研究人员提出,有四项具有代表性的行为会让我们感到孩子"可爱":当孩子天真地感到惊讶时;当孩子调皮地笑着看着我们的眼睛时;当孩子害羞地躲起来时;当孩子蹒跚学步时。这四种代表性的行为,也经常会在猫身上出现。猫的好奇心很强,也经常会注视人的眼睛,也经常"躲猫猫",走路有时候也摇摇晃晃的。日本学者还认为,猫很多时候会做出让人难以理解的迷惑行为,这也和小孩子很相似。我们虽然不能理解它,却能感受到它的可爱和友好。目前许多年轻人选择独身或者丁克,没有自己的孩子,而猫咪的这些特征,使其完全可以被人类当作长不大的孩子,从心理上补偿了人类的生育需求。相比之下,狗就没那么幸运了。

狗,最受鄙视的好朋友

我们常说狗是人类最好的朋友,可狗在汉语中,却常常是贬义词,比如狗仗人势、狗腿子、狐朋狗友等,连单身人士都被叫作"单身狗"。很多朋友这时候就不高兴了:虽然我单身,可是我也是人,可不可以不要用这个"狗"字啊?而且为什么单身的人偏偏叫单身狗,而不是单身猫、单身猪、单身白鳍豚?难道大家都和最好的朋友过不去?这就要从人类和狗的

第六章

动物心理篇：动物的小心思

关系说起了。

首先，狗是人类最早驯化的动物之一。关于狗具体是什么时候被人驯化的，目前尚存争议，但是根据化石来看，至少一万五千年前，狗已经开始和人类一起生活了。在分类学上，所有的狗都属于哺乳纲（Mammalia）真兽亚纲（Eutheria）食肉目（Carnivora）裂脚亚目（Fissipedia）犬形下目（Caniformia）犬科（Canidae）犬亚科（Caninae）犬属（Canis）灰狼种（Canis lupus）的动物，最初的狗可能只是吃人类剩下的肉食为生的野生动物，后来才逐渐和人类关系亲密。狗子们在当好助理这件事上是非常有诚意的，七千年前人类开始种植粮食，狗甚至进化出了能消化淀粉的肠胃，和狼表亲划清了界限。

狗无疑是和人类最亲密的动物。除了灵长类，狗是表情最丰富的常见动物之一。狗还会用耳朵、尾巴等部位的肢体语言表达自己的情绪。长期与人类合作，让狗成为少数几种会用人类的表情和肢体动作的表达情绪的动物。狗丰富的情绪，会让它不太能耐得住寂寞，更乐于和主人互动，也使其区别于其他家养动物可以自己玩耍。狗子们见了人就兴奋地往上扑，有时候甚至会把人当作同类（猴子和猩猩也会把人当成同类，但是人家至少本来就像人）。

不同于安静傲娇的猫主子们,狗狗们似乎总是有用不完的精力,一旦没有玩伴,就会表现出伤心的样子。其实这也不能怪它们,狗子们的祖先狼,是典型的群居狩猎动物。狗最早加入人类部落,也是被用来打猎的,所以它们身上至今还留有野性的血液,与同伴打打闹闹,都是为了合作捕猎而做的锻炼。而猫本来就是独居动物,猫科动物中也只有狮子是群居,它们当然不需要那么黏人。单个的狼和单个的人,在野外都很难成功捕猎,所以必须依赖群体,从这点上说,人和狼是最适合合作的搭档。

狗和人互动多,文化影响力也就上去了。在中国的流行语中,加班的人叫加班狗、爱买彩票的叫彩票狗,连打游戏爱抢人头的都叫人头狗。狗往往给人一种印象:服从指挥,做事拼命,还有点可怜兮兮的样子。历史上无数人都被称作"××狗"——要知道,当年连孔老夫子都被称作"丧家之犬"呢。

在英语文化中,狗也是经常被用来形容人的,如lucky dog(幸运儿)、big dog(大款)、alpha dog(领头人)、top dog(优胜者),狗的地位比在汉语中高很多。这或许是由于欧洲并没有中国这样浓厚的农耕文明气息所致。农耕文明中,狗几乎只有一个看家的功能,就是个活体门铃。而在游牧和渔猎文

第六章
动物心理篇：动物的小心思

明中，狗多用于放牧和打猎，就能很明显地展现出威风的一面。不过英文中也有一些对狗不太友好的用法，比如dog's life（穷困潦倒的生活）、work like a dog（拼命工作）、dog-tired（累成狗）、lazy dog（懒汉）、sick as a dog（病得严重）。美国著名摔跤手Sylvester Ritter，绰号junkyard dog，意思可不是"垃圾场的狗"，而是刻薄的人。

至于单身狗这个词为什么流行起来，主要有两种说法，一是英文当中"damn single"的谐音是"单身狗"；另一种说法出自周星驰的《大话西游之大圣娶亲》，最后孙悟空被夕阳武士说成"好像一条狗"，但近几年各种狗的称谓开始流行，单身狗这个词才真正火了起来。

无论如何，狗相关的称呼总是有一丝戏谑在其中。人类对狗的感情很复杂，一方面，狗是人类可以信任、亲近的动物，十分讨人喜欢；另一方面，狗对人类的臣服被人类解读为了"奴性"，被拿来骂人，连鲁提辖拳打镇关西时，都骂他"狗一般的人"。从精神分析的角度看，自从狼褪去了野性变成家犬，就像人失去了坚毅的品格一样，丢掉了最明显的特征，同时掉入了鄙视链的底端。

南极大冒险——打哈欠表明猫狗也有同情心？

在电影《南极大冒险》中，常常看到八只狗中，有好几只同时打哈欠。打哈欠是一件很奇怪的事，很多人看到别人打哈欠自己也会打起哈欠来，还有的人仅仅看见"打哈欠"三个字，就会情不自禁地打起哈欠。在大家的普遍认知里，打哈欠是表达困意，是因为没睡够，但是你知道吗？猫狗打哈欠可不仅仅是想表达它们困了。

打哈欠的多种功能

首先，我们来了解一下打哈欠的原因。通常来说，打哈欠是大脑疲劳导致的。打哈欠的动作其实是一种自我保护。比如，当学习紧张时，体内产生的二氧化碳较多，就会刺激中枢神经，促使机体通过打哈欠来吸入大量氧气，呼出二氧化碳，进而保护机体。还有研究显示，打哈欠能给大脑降温，使

第六章
动物心理篇：动物的小心思

人保持清醒。

有的人可能会发现，哈欠连天的时候，眼泪也会跟着出来，这又是怎么回事呢？人的泪腺实际上一直在源源不断地分泌眼泪，只不过人的鼻腔和眼睛之间有一个小管，眼泪可以通过小管进入鼻腔，所以平时人在平静时是不会流泪的。可是打哈欠的时候，人的面部肌肉收缩，鼻腔压力变大，所以眼泪就容易从小管回流出来。

打哈欠不是人类的专利。很多动物虽然用不着高度耗费脑力，但也会打哈欠。猫、狗、松鼠和各种鸟类等都会打哈欠。刚睡醒的猫咪伸懒腰打哈欠，是为了提神。还有一种假说认为，动物打哈欠的时候表情狰狞，能对周围的其他动物产生威慑。因此，即使打哈欠的几秒钟眼睛闭上了，也不至于让自己陷入危险中。

此外，猫狗还会被铲屎官的哈欠传染。生活在一起的时间长了，宠物会模仿铲屎官。铲屎官打哈欠，猫狗也会模仿着去打哈欠。

宠物打哈欠还有一种原因是生病了，如果猫狗一直打哈欠，还伴有口臭、发抖等症状，就有可能患上了口腔炎，要尽早去宠物医院进行检查。有时候猫狗还会有小心机：当它犯错了，就会假装打哈欠，来转移主人的注意力。同时，打哈欠也是一种沟通方式。猫狗打哈欠也可以表达放松的状态，是一种友好的表示。

打哈欠传染又是怎么一回事呢？目前比较主流的观点认为，这是一种无意识的模仿，一般同情心比较重的人容易被传染。比如你在电影中看到某人的手突然被狠狠扎了一刀，自己的手是不是也会猛地一抽？这就是所谓的"将心比心"作用，所以当你看到一个人哈欠连天，你也会感觉很困。

猫的合作意识比狗低

动物心理学家经常用狗做实验，狗的智商也比较容易测试，而用猫做实验相对比较少。动物智商研究专家表示，他有一次在写文章时就想找关于猫智商的研究，但是狗的资料找到一大堆，猫的却少得可怜。他向匈牙利一位动物学家求助，对方告诉他，猫咪们在实验室乱跳乱跑，根本不配合！还有一位意大利学者也曾做过猫咪实验，可是小猫们一进入陌生的实验室，马上吓得炸毛，最后不得不放弃测试，他最后得出结论：用鱼做实验都比用猫简单。

相比狗来说，猫的安全感要低很多，它们特别爱钻入盒

第六章
动物心理篇：动物的小心思

子里，这也是困扰很多人类的一个"迷惑行为"。猫整个身体的关节，尤其是在颈椎的部分，骨节的软骨和韧带之间，明显要比其他动物更加柔软。所以猫会像弹簧一样，身体可以拉得很长，其他猫科动物，如老虎、豹、猎豹等，也都有这种拉伸脊椎的动作。瑜伽中的一些动作就是模仿猫拉伸脊椎而发明的。此外，猫的肩膀很窄，因为猫的锁骨退化得很厉害，这也非常有利于它们通过狭小的地方。猫的柔韧身躯，让它们能够钻入各种小容器当中，研究发现，猫咪喜欢钻盒子与它在野外的生活习惯有关。野生猫喜欢钻到树洞里或岩石缝里睡觉，因为地方狭小，很多大型动物都不能钻进去，猫到树洞里或岩石缝里睡觉会很安全。

虽然家猫已经被宠养了多年，但是天生喜欢钻狭小空间的习惯并没有改变。当然，除了猫之外，其他的猫科动物也都非常柔韧，甚至块头最大的猫科动物——老虎，也会钻大纸箱，这可能是共同祖先遗留下来的集体潜意识。

从解剖学和数据上看，狗应当比猫聪明一些。狗的大脑皮层有5.3亿个神经元，而猫只有2.5亿个，当然它们都比不上人类大脑皮层的160亿个神经元。我们有一个"脑化指数"（EQ）的概念，它是大脑的相对体积与动物自身重量的比值，狗狗的EQ大约是1.2，而猫咪的EQ要小一些，大约是

1。不过,正如《爱,死亡和机器人》中说的那样,猫这么出色的猎手,如果智商再提上去,还有人类和其他动物的活路吗?

第六章
动物心理篇：动物的小心思

蚁人——怎样控制蚂蚁？

在"复仇者联盟"系列电影中，有一个不起眼但极其重要的角色，他更好地建设了复仇者联盟，向全宇宙宣扬了漫威，同时也让复联在气势和数量上碾压DC公司当时尚未起步的正义联盟，进一步推出群众喜闻乐见的大电影，这就是国内除了漫画粉之外，普罗大众并不熟悉的蚁人。

按照传统，电影《蚁人》的标题翻译得有点怪。蜘蛛侠、蝙蝠侠、钢铁侠等超能力者都是侠，只有那些反派，才被翻译成沙人、蜥蜴人、稻草人、谜语人这些没品的名字呢！可能因为蚁人本身，就像蚂蚁一样不太起眼？但不要小瞧蚂蚁，蚂蚁其实拥有很多超出大多数动物的能力。

智力不高的蚂蚁如何做出复杂行为？

在漫威的故事中，蚁人依靠一个神奇的头盔，能放出某种频率的生物电波来和蚂蚁以及其他昆虫交流。可事实上，蚂蚁的神经结构非常简单，只有单纯的神经反射。它们会根据本能来完成很多任务，如筑巢、觅食、照顾幼虫、攻击外敌等，但动物心理学家通常认为，蚂蚁是没有情绪这样的"高级"心理功能的，更不要说更高级一些的思维、决策、性格了。

虽然单个蚂蚁没有智慧行为，但是整个蚂蚁群团结在一起，就好像多个神经细胞组成神经网，仿佛产生了智慧行为，如复杂的筑巢、迁徙、觅食活动等，简直和人类部落有一拼。美国社会生物学之父爱德华·威尔逊（Edward O. Wilson, 1929—2021）说，蚂蚁这种动物是"真社会性动物"，也就是一群具有高度社会化组织的动物。类似的动物还有白蚁和蜜蜂。注意，白蚁实际上是一种蟑螂，和蚂蚁关系并不近，反而蜜蜂、黄蜂是蚂蚁的同族兄弟。

既然蚂蚁有社会性，那么，怎么让蚂蚁做到有组织有纪律呢？家庭是维系组织纪律的关键。由于大自然中充满各种危险，所以很多动物都会进行群体生活。小到蚂蚁、蜜蜂，大到大象，很多动物都是以一个或多个家庭为单位进行群体生活的。一窝蜜蜂和蚂蚁，都是同一只蜂后或蚁后的后代，它们的雄性非常弱小，只负责交配。外人想加入是不可能

第六章
动物心理篇：动物的小心思

的，这是一个妥妥的女王掌权的小国家，也是一个大家庭。在蜜蜂和蚂蚁的群体中，分工是非常明确的。它们在出生时就拥有不同的身体结构，所以蜜蜂有工蜂，蚂蚁有工蚁、兵蚁，它们都属于不繁殖的"阶层"，群体中有一些个体是有生育能力的，它们负责繁殖。这种部分个体没有繁殖权利只做"工具人"的种群状态，就是真社会性的第一个特征。真社会性的第二个特征是世代重叠，蚁后和它的后代都是成年蚂蚁，同时存在。第三个特征是群体成员会合作照顾未成熟个体。

组织纪律性对于大部分协作生活的动物至关重要，而那些独来独往的动物，通常都是有独特生存技巧的，比如蜘蛛、老虎、黑足猫等。还有些动物虽然也扎堆，但是成员之间联系很弱，如牛、斑马、金枪鱼等，它们只是在一起吃饭或者开相亲会而已。

群体成员的沟通信号

蚂蚁之间无法像人类一样靠说话交流，它们相互交流所依靠的介质，是一种被称作信息素的化学物质。信息素有很多种，每个蚂蚁群都有特定的信息素，通过信息素，它们可以分辨出混入本群中的其他蚂蚁。至于蚂蚁的"肤色"是黑、白、红、黄都不重要，蚁群只闻信息素，不看长相。

信息素主要是靠蚂蚁触角的接触而传递的，常见的有聚集信息素、警告信息素、示踪信息素等。比如蚂蚁的警告信息素，就是从上颚腺和肛门腺分泌出的柠檬醛和香茅醛等，用于在危险时刻向同伴发出警告。警告信息素的反应范围大致是107—1012分子/立方毫米，甚至少到100个分子也能引起相应的警戒反应，而单个蚂蚁体内含有100—700微克的警告化学物质。单个蚂蚁的警告物质有效传递半径是1—10毫米，能在2秒内从警告发出者扩散到被警告者，但在8—50秒内信息素气味就会消失。所以，需要靠大批的蚂蚁传播信息素，才能真正起到作用。

信息素也有攻击作用，比如甲酸（又名蚁酸）也是一种警告信息素，但它具有比较强的腐蚀性。高浓度的甲酸如果接触黏膜，还会引起炎症甚至过敏死亡。当然，这种事情在自然界恐怕很难发生，在电影中，编导也采用了生物电波这种安全的交流方式，以防止"蚂蚁侠"被毒死。

蚂蚁之间可以靠信息素交流，所有成员都会服从蚁后。相比之下，其他一些集群的动物，就要靠力量来制定规则

第六章
动物心理篇：动物的小心思

了。很多以单个或多个家庭形成集群的哺乳动物，比如狼、猕猴、大猩猩等，都会由本群中的雄性争夺统治地位，胜出者就是老大，以后其他的个体见了它都要服从。例如，狼群集合时，众狼就会俯下身子，向头狼表示敬意与顺从。首领生气的时候，下级的狼也会把颈部亮给首领，表示屈服。

而大部分有蹄子的食草动物，如鹿、羊、牛、马等，它们的集群仅仅是生活在一起而已，它们没有明确分工。食草动物也不太涉及优先进食的问题，只是在争夺生育权的时候，需要通过决斗产生群体中最强大的雄性，来优先挑选雌性。

这种争霸的好处是，上述动物们的社会性虽然不如蚂蚁高，但比蚂蚁的社会性更适应生存，因为它们具有"违背社会规则"的能力，也就是反社会性。食草动物通常都自备武器，如牛角、羊角、鹿角等，如果自己的武器足够粗壮，就可以从视觉上形成威胁信号，同时其声音、体味、动作等，也会向其他同类显示自己的"王者风范"。此时那些体型上明显不行的"细狗"雄性同胞，就会知趣地撤退。而那些觉得自己有能力较量一下的个体，就会上前争斗一番，最终赢家获得优先交配权。不过，那些头上有角的动物往往过于内卷，只顾着和同类争斗，它们的武器在对付捕食动物的时候，常常有劲儿使不上：因为它们低下头顶撞会影响视线，而捕食动物也不会乖乖等着它来顶。所以很多有角的动物，虽然体型硕大，但也只能沦为食肉动物的美餐。

第六章

动物心理篇：动物的小心思

白蛇缘起——用科学帮你算算蛇的心理阴影面积

在电影《白蛇：缘起》中，蛇被描绘成非常通人性的动物。但现实中，大家却很少接触蛇，对蛇的了解远不及猫狗，曾经有位广东东莞市民散步时"偶遇"一条水律蛇，他顺手带走并给两个女儿把玩，每天牵出来"遛蛇练胆"，然后小区的街坊们就炸了锅……都知道养条狗需要每天出来遛，养鸟的也有提着鸟笼子出来"遛鸟"的，蛇看着那么可怕，真的能当宠物吗？有人说，印度人可以拿笛声控制蛇，说明蛇智商不低，究竟是真是假？

蛇，人心中最重要的动物

在世界各地的神话中，蛇都被描绘成有灵性的动物。中国的女娲、轩辕氏都是人头蛇身，还有《白蛇传》的传说；基督教中有撒旦变成蛇诱惑夏娃，印度教中湿婆和毗湿奴都有宠物蛇，古希腊神话中有巨蟒皮同，北欧神话中有大蛇耶梦加得，南美洲也有羽蛇神的传说。就连《葫芦娃》里都有蛇精，虽是反派角色，但也是有灵性的！

为什么各国的先民们都这么关注蛇？这就涉及灵长类早期的一段历史了。在我们的猴子祖先还生活在大树上时，并没有什么动物以它们为主食。虽然豹子、鹰偶尔会吃这些猴子，可也只占它们食谱中的一小部分。猴子等灵长类动物实在是不好抓，因为基因突变，它们拥有红蓝绿三色视觉，本来这是为了鉴定果子是否成熟而进化出来的，但也阴差阳错地让猴子更容易发现潜在的天敌。可是只有一种致命的动物，非常不易被猴子察觉，那就是蛇。

不得不说，蛇是自然界的伪装大师，可以伪装成树皮、藤蔓、砂石等，行动起来基本也是寂静无声，一动不动时就更不容易被发现；而且蛇也常常出现在树上，和灵长类的生活空间高度重叠。蛇虽然很少吃猴子，但如果真的被毒蛇咬上一口，恐怕也难逃一劫。因此，灵长类进化出一种特殊的机制（这种机制也是突变产生的，但因为非常适应生存而被保留下来），就是看到类似蛇的视觉信号，就会在脑内产生高度的警觉性。这种机制一直遗传到现在。现代心理学家也做过相关实

第六章
动物心理篇：动物的小心思

验，人在面对不清晰图片时，最先感觉到的动物就是蛇，而我们喜欢的猫狗都要往后靠。

于是乎，各民族人民的意识中，都有根深蒂固的"怕蛇天性"，有些民族由此对蛇产生了崇拜，甚至认为蛇与创世神话有关。加之早期人类繁殖能力不强，因此特别崇拜能生育的动物，如鱼、蛙等大量产卵的动物。蛇虽然不如这两种动物产卵多，但也能一次生下几十枚蛋，因此许多传说也把蛇和"生育"挂钩，如中国的女娲就是这样。因此，在精神分析理论中，蛇的心理意象是所有动物意象中最重要的一种，没有之一。根据荣格的心理原型理论，蛇被赋予的心理特征包括神秘、致命、安静、阴郁、狡诈、恶毒、诱惑等，成分非常复杂。

爬行动物的智商

那么，蛇真的那么有灵性吗？想知道蛇类能不能和人沟通，必须了解一下爬行动物的智商有多高。加利福尼亚大学洛杉矶分校的生物学专家，曾经制作过一个动物脑容量的范围图。

他们统计了大量动物的智商后发现，鸟类和哺乳类的智商，是和爬行动物有明显分界的，根据神经学专家保罗·麦克里恩（Paul Donald MacLean，1913—2007）的人类大脑三位一体理论，人类的大脑是逐步进化的结果，脑内的三个层级依次出现，爬行动物脑、古哺乳动物脑、理性脑三位一体，共同构成了完整的人类大脑。

通俗点说就是，在我们的大脑深处，有一些遗传自爬行动物的皮层，这些部分控制着身体的肌肉、平衡与自动机能，诸如呼吸与心跳，还有人类最基础、最原始、最本能的功能和行为，不涉及高级的思维和情绪方面的内容。大脑的这个部分一直保持活跃状态，即使在深度睡眠中也不会休息。这些部分保留了野蛮时代的记忆，因此人类也有呆板、偏执、冲动等不良特质。说得再通俗点就是，人类大脑中遗传自远古爬行动物的部分，只能控制一些人体的本能活动，而不是高端的智力。由此可以得知，蛇当然不通人性。

爬行动物的智力，主要表现在记忆力和认知、反馈能力上。鳄鱼的记忆力就可以持续很多年。通过一些迷宫实验，我们发现龟和蛇还是有一定的分析能力的，可以使用一些策略，但依旧属于本能驱动的生存行为。大部分爬行动物不能认出同伴，也没有群体意识。目前我们只在鳄鱼身上能看到照顾幼崽的行为，它们看着是凶点，但至少不会"六亲不认"，不

第六章
动物心理篇：动物的小心思

过争抢食物时咬断同类的爪子或尾巴，也是常见的事情。其他爬行动物，都是生下蛋后就离开不管，将来甚至有可能吃掉自己的后代。连自己的同类和后代都不认，从这一点说，蛇很难通人性。

爬行动物的大脑中也并没有能产生情绪的部分，所以不要说爱和恨这种高级情感，就连喜怒等基本情绪它们都不会有，想想也是很令人心疼的。当然，心疼这种情感也不会产生在它们身上。那么蛇对于被拴个绳子，像狗一样遛，会有什么感想呢？恐怕只有本能的不爽了！

可是有些人，把蛇当宠物，还能有所互动，这是怎么回事？事实上，爬行动物依旧是可以被人训练的，其秘诀就是条件反射，爬行动物可以出现与人互动的行为，这是一种经过喂食之后形成的程式动作。经过千百次重复训练，甚至蚯蚓这样比蛇低等得多的动物都可以学会走迷宫。

训练蛇类的时候也有一些特殊的技巧，蛇类没有外耳，只有头部贴在地上才能听到声音，所以耍蛇人的吹笛声是不能被蛇听见的。耍蛇人总是左右摇摆身体，吸引蛇的注意力，所以蛇会跟着人的动作跳舞。很多耍蛇人会拔掉蛇的毒牙，或者切断蛇的毒腺传输管，这样被咬了也不会中毒。不过也有很多人比较喜欢玩"大"的，不给蛇做手术，比如马来西亚著名训蛇师阿布·扎林·胡辛（Abu Zarin Hussin 1985—2018），就经常做出高度危险的表演，但是后来他不小心被眼镜蛇咬死，因此对于普通人来说，绝不可以模仿这样的行为！

此外，由于一般人对蛇的了解程度较低，不一定能正确分辨毒蛇和无毒蛇，更糟的是，一些蛇毒并不一定会马上发作，这往往会让人产生错误判断。所以，如果在家里或者人多的地方看到能自由活动的蛇，首先要做的不是抓来当宠物或者是训练它，而是远离它后赶快报警——蛇没你想的那么通人性！

后记

无处不在的心理学

几乎所有的电影都能从心理学角度解读，很多读者在看电影时，也都特别容易把自己代入电影中的角色。有时候我们可以理解剧中人，有时候又会觉得，自己就是剧中人。

例如在电影《丈夫得了抑郁症》中，男主角因为得了抑郁症，生活变得艰难了许多。电影让我们更加关注抑郁症，但仅通过电影，我们可能并不能了解抑郁的全貌。

目前，抑郁症确实成了最常见的心理疾病，很多人也爱说自己有抑郁症。抑郁症患者会表现出情绪低落的症状，严重者甚至会自杀。按照中国精神障碍分类与诊断标准第三版（CCMD-3），抑郁症是一种常见的精神疾病，分为轻型抑郁症和重症抑郁症。有些抑郁症还伴有精神病症状，出现精神迟钝、思维迟缓、意志减退、记忆下降、警觉性增高、抽象思维能力差、学习困难等症状，甚至出现幻觉、妄想和自杀念头等。除了精神上的症状外，抑郁症还会带来躯体上的不适，常见的有失眠、乏力、便秘、心慌、恶心、性激素失调等。可以说，躯体症状和抑郁症是狼狈为奸的一对，互为因果。

许多动物也会抑郁，状态和人差不多，表现出食欲下降、失眠、不爱玩耍等症状，身体也会跟着出问题。动物园中圈养的动物，由于自由受到了限制，更容易抑郁。所以现在很多动物园不仅给动物提供食宿，也会陪动物玩耍、聊天等，满足它们的"精神需求"。

影响抑郁的因素很多，不仅工作、学习压力会导致抑郁，甚至气候也会引起抑郁。每年随着春季日照的延长，人体内分泌激素和神经递质都会发生相应变化，从而使各种精神疾病进入高发期。

值得注意的是，有很多人不愿意承认自己有抑郁情绪，一方面害怕自己会被人嘲笑，被当成"病人"；另一方面也担心自己的抑郁情绪会传染给他人。因此，为了营造一种"你好我好大家好"的氛围，他们经常在人前摆出笑脸，实际内心并不快乐。假装开心是很容易被识破的。假笑的人，一般只有嘴角往上提，眼睛会显得很无神，可是真笑的人，眼睛也会眯起来，眼角会出现笑纹，眉毛也会出现倾斜。经常假装开心，有时会压抑真实的情感，让人情绪更低落。有些人心中的郁闷得不到疏导，又因为规矩、面子等原因，不得不长期假笑，坏情绪积累多了，就形成了"微笑抑郁症"。

后记
无处不在的心理学

想要消除"假装开心"带来的不快感，真诚是最好的办法。当你有了抑郁的情绪时，可以告诉对方自己的感受，不必硬装作乐观的人，这样会让对方觉得你是在信任他。同时，也要暗示自己：不必过分夸大微笑的作用，毕竟没有一种情绪能解决所有问题。

当你明白这些关于抑郁的心理学知识后，相信在看电影时，就不会再给自己随便贴上"抑郁症"的标签。这也是本书希望带给你的帮助。

除了电影外，作为一个职业心理师，我总喜欢用心理学的视角来看许多故事，哪怕是被解读过无数遍的经典情节，从心理学的视角看，也会发现新观点。

心理学无处不在，所有人类创造的作品，都蕴含着心理密码。本书中只介绍了电影中的某些心理知识，不论在电影类还是心理类的知识海洋中，都只是小小一朵浪花。最后，感谢本书的编辑杨老师提出的各种建议，让本书最终成形。在经历了无数个赶稿子的日夜后，犬子"小宝"也即将问世，在欣慰之余，也把本书作为送给他的第一本书。

朱广思

2023年6月于北京